はじめての飼育

カメ飼いのきほん

ミズガメと
リクガメの
食事から飼育グッズ、
病気のケアまで。

カメ飼い編集部 編

誠文堂新光社

のんびりしてるって？
穏やかなリクガメだからって、
速く歩けない訳じゃないんだよ。
びっくりしても知らないからね。

まだまだ大きくなるもんね。
えっ、どれくらいになるかって？
ずっと一緒にいてくれるなら
教えてあげても良いのだけど。

Photo Gallery

Photo Gallery

あれっ、あれっ、あれっ。
食べようとしてませんよね？
ところでボク
お腹すいているんですが…。

水飲み場でしょ、
あとお家もあって
あと何か足りなかったかな。
そうだ！
飼ってくれる人探さなきゃね。

CONTENTS

カメ飼いさんの暮らし

カメに会いに行こう

カメのきほん

数多くの動物たちの中でも、
カメは私たちにとって
すごく身近な存在です。
そんな誰からも愛されるキュートさの
ヒミツに迫ってみましょう。
あなたもきっと、
もっとカメが好きになるはずです。

カメと人との関わり

カメは2億年以上も前に地球に登場

地球上に最初のカメが登場したのは2億年以上前といわれています。そこから長い年月をかけて進化をし、今では亜種を含めると300種以上のカメが棲息しています。

そして人間とも深い関わりを持ち続けてきました。古代インドの神話では、カメは背中に世界を乗せて支える存在として描かれ、古代中国では長寿のシンボルとして崇められていました。世界中にカメに関する伝承や言い伝えが残っています。

また、中国ではカメの甲羅を使った占いが古くから行われ、後に日本にも伝えられたりしました。

その一方で、カメは食用などにされることも多い生物でした。その結果、乱獲され絶滅の危機に瀕している種もいるため、今では、厳重に保護政策がとられています。

キャラクターとしての愛らしさも人気に

カメといえば、やはり甲羅を背負った独特の姿が印象的です。そして危険が迫ると甲羅に頭や手足を引っ込めてしまう動きは、どこかユーモラスでもあります。また、ちょこちょこと動く姿も愛らしく、キャラクターとしての魅力に満ちています。そのため、マスコットキャラやイメージキャラ、さらにはフィクションの登場人物としてもよく活躍してきました。

美容と健康という面でも、人間とは深い関わりがあります。中国では薬膳料理としてカメゼリーがありますし、日本ではスッポン料理が有名です。

また、最近ではミシシッピアカミミガメなどの外来種の問題や環境、生態系の問題も取り上げられ注目されています。

カメを知るためのキーワード

──カメは万年

実際、カメはあらゆる生物の中でもトップクラスの寿命を持つ生物です。過酷な自然界においてですら、100年以上生きていた例もあり、飼育下でも30年以上生きることは珍しくありません。まさに長寿のシンボルにふさわしい存在といえるでしょう。

──縁起が良い

寿命が長いことから「長寿・健康」の象徴として扱われてきました。さらに、鶴とセットで「夫婦円満」のシンボルにもなっています。また、背中に緑藻類が生えたカメは「蓑亀」と呼ばれ、縁起物として絵画や彫刻の題材に選ばれてきました。

──ノロマなカメ

大きな甲羅を背負っている上に、四肢も短いために歩くスピードは確かに遅いです。しかし、日光浴をしているカメが素早く水の中に滑り込む姿を見たことがある人は多いのではないでしょうか。エサを捕る時など、瞬間的な動きでは意外と俊敏なところを見せます。

──キャラクター

甲羅を背負ったユーモラスで独特な姿は、人々の心を和ませるものがあります。さらにキャラクター性も高く、古今東西、いろいろなキャラとして活躍してきました。また、シンボリックな造形をしているため、グッズとしても幅広く人気を集めています。

カメの分類

首の曲げ方で種類が大きく分かれる

カメは絶滅した種を除くと、まず潜頸亜目と曲頸亜目に分けられます。これは首の曲げ方で分類されています。曲頸亜目のカメは首が長く、潜頸亜目のカメのようにまっすぐ引っ込めることができません。そのため、横に折りたたむようにして首をしまうのが特徴です。

潜頸亜目はさらにカミツキガメ上科、ウミガメ上科、スッポン上科、リクガメ上科に分かれます。リクガメ上科はさらにリクガメ科とヌマガメ科に分類されます。

生態の違いからリクガメとミズガメに

ただし、これはあくまで分類学上のもので、生態によって分類した場合、リクガメとミズガメに大きく分けられます。

リクガメは陸上で生活し、水に入ることはほとんどありません。そもそも泳ぐことができません。一方、ミズガメは主に水中で生活し、四肢の指に水かきがあるのが特徴です。

さらにミズガメは、水中での生活が占める度合いによって、陸棲種、半水棲種、水棲種に分けることができます。水棲種はほとんどの時間を

水中で過ごすもので、スッポンやウミガメがこれに相当します。半水棲種は、クサガメやミシシッピアカミミガメ（ミドリガメ）のように、日光浴のためなどに時々陸に上がる種類を指し、陸棲種は、基本は陸上で生活しますが、水に入ることもある種類のことをいいます。

ちなみに、同じ半水棲種でも、泳ぎの得意なカメもいれば、泳ぎが下手で水底を歩き回っているカメもいます。また、リクガメの中には湿度の高い環境を好む種もいます。まずはカメの生態を理解することから始めましょう。

カメって不思議

甲羅に首を収納できないカメもいる

カメといえば、首を甲羅の中に引っ込めてしまうことで有名ですが、すべてのカメがそうするとは限りません。ウミガメは、遊泳力が高く、敵に襲われても泳いで逃げることができるため、首を引っ込める必要がないのです。また、中国南部からベトナムに棲息するオオアタマガメは、その名の通り、頭が大き過ぎて引っ込めることができません。その代わり、頭部は硬い一枚の板状の鱗に覆われていて、それで外敵から身を守っているのです。ちなみに、気の荒い種のカメは、首を引っ込めずに噛みついてくることもあります。

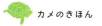

カメの一生

すべてのカメは卵から生まれる

リクガメ、ミズガメに関係なく、カメはすべて卵から生まれる卵生生物です。母ガメは陸地に穴を掘って数個から数十個の卵を産みます。テレビなどでウミガメの産卵シーンを見たことがある人も多いでしょう。

そして約１００日前後で、内側から殻を破って孵化します。この時、ほかの爬虫類と同様、卵歯と呼ばれる小さな歯を使って殻を引き裂きます。なお、卵歯は1週間もすれば自然に取れてしまいます。

孵化直後は甲羅も柔らかくいびつな形をしていますが、2、3日経つと形も整い、ある程度の硬さになってきます。そして卵黄の栄養分を吸収し終える1週間から10日後から、エサを食べ始めます。

ベビー期を過ぎると、成長期に入ります。飼育下でエサを十分に得られる場合、1年で急速に大きくなります。その後は成長速度がゆるやかになり、種にもよりますが2~3年で性成熟します。そして親として、次世代へ命を繋いでいくのです。

カメのライフサイクル

～ウミガメの場合～

産卵

春から夏にかけての夜、砂浜に上陸し、穴を掘って一度に100個前後の卵を産みます。

孵化日数

およそ2ヶ月ほどで孵化します。

誕生

産まれた仔ガメは自力で地上に出て、海に向かって這っていきます。海にたどり着く前に、ほかの生物に補食されてしまう個体も少なくありません。

生　後

海に入ったカメは天敵の多い浅い海域から、沖合へと泳いでいきます。外洋に出た仔ガメはプランクトンなどの浮遊生物をエサとして大きくなります。

成長

ある程度、大きくなるとエサの多い、浅い海域に移動し、そこで成長していきます。一説では、性成熟に少なくとも20～30年はかかるともいわれています。

寿命

かなり長いといわれていますが、詳しいことはよくわかっていません。

～ミズガメとリクガメの場合～

産卵

ミズガメもリクガメも地面に穴を掘って産卵します。種類にもよりますが1回に数個～十数個の卵を産みます。

孵化日数

2ヶ月～3ヶ月で孵化します。

誕生

卵歯と呼ばれる小さな歯で殻を破って孵化します。孵化は個体によってまちまちで、長いと3日くらいかかることもあります。

孵化直後～生後1週間

孵化直後の甲羅はいびつな形をしていますが、2、3日でしっかりした形になります。生後1週間くらいまでは、卵黄から栄養分を吸収するのでエサは食べません。

成長

カメも脱皮して大きくなります。ヘビのようにはっきりとしたものではありませんが、甲羅も一枚の板ごとに薄くはがれていきます。

成熟

種類によって異なりますが、おおむね3～5年で性成熟するといわれています。なお、メスの方がオスより大きくなる種もいます。

寿命

適切な飼育をしていれば、飼育下でも30年以上生きるといわれています。

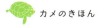

カメのからだ

目

目には瞼がありますが、そのほかに瞬膜と呼ばれる透明で薄い膜によって眼球が覆われています。このため水中でも自由に泳ぎ回れるようになっています。

鼻孔

鼻は呼吸で使われるほか、ニオイの感知にも役立ちます。嗅覚は種によって差があり、一般的にリクガメは鋭く、ミズガメは鈍いといわれています。

口

口に歯はありませんが、硬く鋭いクチバシでエサを引きちぎって食べます。肉食傾向が強いカメは顎の力も強く、噛まれるとケガをすることもあります。

頸

頸は縮めるだけでなく、伸ばすこともできます。ちなみに縮めた時、頸の骨はSの字に曲がった状態になっています。なお、曲頸亜目のカメはもともと頸が長いため、折りたたむようにして甲羅の中に引っ込めます。

前足

ゴツゴツしたうろこに覆われています。指の一本一本に爪が付いており、歩く時に地面に引っかけたり、穴を掘ったりするときに使います。

後ろ足

前足と同様、硬いうろこに覆われ、指に爪があります。水棲種の場合、指と指の間に水かきがついているものもいます（前足にもあります）。ウミガメやスッポンモドキのような完全水棲種は、オールのような形になっています。

背甲

いわゆるカメの甲羅と呼ばれる部分です。一部のカメを除き、硬くて丈夫で外敵から身を守るのに役立っています。いくつかの甲板が集まってできており、成長とともに大きくなります。体に密着しているため、外すことはできません。

尻尾

オスは尻尾の中に生殖器を収納しているので、メスに比べてやや太いのが特徴です。トカゲと違って、尻尾が切れてしまった場合、再生はしません。

総排泄孔

その名の通り、糞や尿もすべてここから輩出します。交尾を行うのもここで、メスが産卵する場合も総排泄孔からとなります。

オスとメスの違い

オスとメスの違いは、尻尾の太さ（オスの方が太い）以外では、成長したときのサイズの違いがあります。多くのカメはオスよりもメスの方が大きくなります。中には一回りどころか、倍以上の差が出る種もあります。ちなみに幼体だと雌雄の判別は困難です。

腹甲

お腹側の甲羅のことを指します。背甲に比べると平らで柔らかいのが特徴です。ハコガメなど一部のカメには、腹甲に蝶番《ちょうつがい》のようなものが付いていて、曲げることができます。

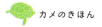

カメの種類

ペットとしては2種に大別

カメの種類は約300種

世界中にいるカメの種類は、現在約250～300種といわれています。カメの種類を生物学的に大きく亜目として分けてみると、16ページからのカメの分類の章でも紹介しているように、頭や首の部分をどのように甲羅に入れるかという違いで区別されています。

ミズガメとリクガメの人気種

日本の気候で飼育できるカメは何種類いるのか、詳しいことは今のところよくわかっていません。とはいえ家庭でカメを飼う場合、ライフスタイルに合わせてミズガメかリクガメの中から選択するのが一般的です。

ミズガメで飼いやすい種類はクサガメ（ゼニガメ）、ニホンイシガメ、ミシシッピアカミミガメ、ミシシッピニオイガメの4種類で、これらのカメは流通量が圧倒的に多く、お店などでもよくみかける人気種です。

リクガメではヘルマンリクガメ、ロシアリクガメ、ギリシャリクガメなどが初心者向けといわれています。ミズガメでもリクガメでも生態や特徴を把握したうえで飼い主さんのライフスタイルに合ったカメの種類を選ぶことが大切です。

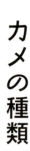

この本で登場するおもなカメの種類

リクガメ（完全陸棲種）

基本的に陸上で生涯を過ごすカメをリクガメと呼びます。背甲がドーム状に盛り上っているのが特徴的ですが、そうでない種類もいます。穏やかな性質と草食であることなどから、人気の高い種です。

ミズガメ

リクガメ以外のカメをミズガメと呼びます。ミズガメだからといって、すべて水に入ってばかりかというと、そうでもない種類もいます。飼育には水場は絶対に必要です。

陸棲種

ハコガメやヤマガメなど陸地がメインで生活している種類ですが、水浴び場や水飲み場は必要となります。

半水棲種

クサガメ、ミシシッピアカミミガメ、マレーハコガメなど水と陸地の両方で生活しているカメです。

水棲種

スッポンモドキやスッポン、マタマタ、ワニガメなど、生涯すべて水の中で生活しているカメで、アクアリウムの飼育スタイルです。

インドホシガメ

リクガメ界のトップスター

丸い甲羅の星模様が人気の品種ですが、環境の変化に敏感なので温度管理など繊細な飼育が必要です。単にホシガメとも呼ばれます。

ヒガシヘルマンリクガメ

リクガメ初心者にオススメ

ニシヘルマンリクガメとの二亜種がありますが、飼育されているのはほとんどがこちらになります。比較的低温にも強いといわれ冬眠も可能、各甲板に斑が入るのが特徴です。

フチゾリリクガメ

ウサギに
勝ったのはボク！

「ウサギとカメ」の
モデルになったともいわれるカメ

成長とともにだんだんフチが発達しスカートを履いているような甲羅になることから、この名前が付いています。成長の変化を楽しめる品種です。

ギリシャリクガメ

ギリシャ織のような
甲羅模様

丸い甲羅が人気、その模様がギリシャの織物に似ていることから名付けられました。初心者にも飼いやすい品種です。ゆっくり飼育したい人におすすめ。

ヒョウモンリクガメ

成長とともに くっ付いてくる!?

甲羅の高さと模様が人気。飼育下では40cmを超す大型の品種ですが、性格がよいのでなつきやすく飼いやすいところも人気です。

ケヅメリクガメ

大きく育てて 甲羅に乗りたい？

性格が温厚で、よく動きよく食べる姿に愛嬌があって癒されると人気です。80cmを超えるほど成長し寿命も長いため、成長に合わせた準備が必要になります。それがクリアできれば飼いやすい品種といえます。

パンケーキリクガメ

ぺったんこで、ほんとにパンケーキ？

リクガメの中でもほかに類を見ない平たい甲羅が特徴で、ユニークな品種。隠れる習性があって臆病ですが、長く付き合えば顔を覚えてもらえるかも。

アルダブラゾウガメ

カメ飼い憧れの大型種

飼育下では60cmを超す大きさに成長する大型のカメです。でもやや小心者なので長く優しく付き合える飼い主さん向けです。

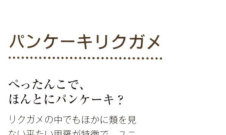

アカアシリクガメ

赤いウロコが チャームポイント

見た目の美しさと、リクガメの中でも飼育しやすいことで人気。性格は優しく臆病ですが、ゆっくり付き合えば飼い主さんの声に反応してくれるようになるかも。大きくなるので飼育スペースは重要。

キアシリクガメ

こちらは黄色が チャームポイント

形はアカアシリクガメに似ていますが、全体的に黄色がかっています。これも大型になる種ですが、かなり成長がゆっくりなのでそれなりの用意が必要です。

チュウゴクセマルハコガメ

一般的に
セマルハコガメと
いえばコレ

ハコガメとは、頭や手足を引っ込めるとピタっと腹甲で蓋を閉じてしまうところから名付けられています。この種はハコガメの中でも丸く盛り上がったような甲羅と、活動的なところが人気です。

ミツユビハコガメ

バラエティに富む
斑紋が人気

甲羅を閉じてしまうのでハコガメと名が付いていますが、実は別種です。名前の通り後肢の指が3つなのが特徴。同じ品種でも甲羅や体の斑紋の出方に個体差があります。

ムオヒラセガメ

地味？　でもそれが
人気の秘密

甲羅の左右のキール（稜線）の間が平たいのが特徴。成長するとほぼ一様な黄褐色から暗褐色の甲羅になります。ちょっと地味に見えますがそこがかえって人気のカメです。

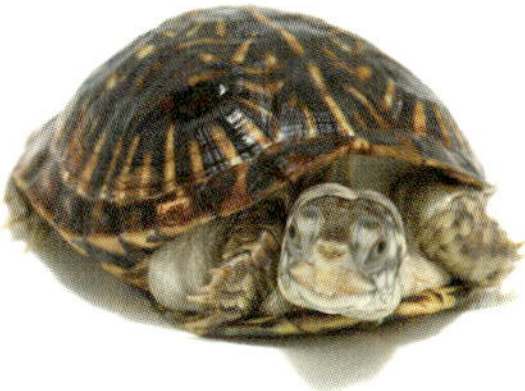

キタニシキハコガメ

甲羅にくっきりライン

黒褐色地に明かるい色の放射状斑紋が美しいカメです。オスは成熟すると頭部がウグイス色のように青緑色になり、さらに目が赤褐色になります。やや乾燥した環境を好みます。

モリイシガメ

日本人好みの渋いカメ

北方系のカメということで日本でも季節を問わず屋外飼育が可能です。活発で非常に頭が良いカメであることで知られており、ペットとして優れている種類といえます。

キボシイシガメ

夜空に光る星のような斑点が特徴

黒地にきれいに並ぶ黄色い斑点が美しい小型のカメです。黄色い点は成長につれて増えていきます。特別な保温も必要ないために、日本での飼育に適しているカメです。

クサガメ

日本在来種のカメ
独特の臭気があります

成長するとオスは全体的に黒っぽい体になるのが特徴で、メスよりも小型になります。臆病な性格ですが、なつきやすい一面も持っています。独特の臭気があり、それが名前の由来になっています。

ミスジドロガメ

背中にスッと入る
３本のライン

甲羅に３本の明かるい色のラインが走り、暗褐色の地色とのコントラストが美しいカメです。姿もかわいく小型なので飼いやすい品種です。

オオアタマヒメニオイガメ

**体は小さいが
アタマはデカいよ**

以前はロガーヘッドという名で親しまれたカメです。成長しても13cm程度と小型ですが、名前の通り頭が大きいので十分な貫禄があり、飼いやすく人気のある種です。

ミシシッピニオイガメ

**アメリカでは最も
ポピュラーなドロガメ**

夜も活発に動く水の中が大好きな小型のカメ。ニオイガメの中では温厚な性格で大きくならず、エサを与える人を覚えるなど、飼ってみて楽しい種です。

ハラガケガメ

ひっくり返すとまるで金太郎

名前の通りひっくり返すと金太郎の腹掛けのような模様が。そんなユニークな小型のカメなのにかなり凶暴。咬まれないように気を付けましょう。でもその人に媚びない姿勢が魅力ともいえます。

キタインドハコスッポン

丸っこさが愛らしい

スッポンらしくない丸く盛り上がった甲羅でコロコロしたイメージと美しい模様が魅力。それほど神経質でない性格から飼育しやすいため人気のカメです。

カロリナダイヤモンドバックテラピン

ダイヤモンドのような椎甲板

名前の由来にもなった甲羅の模様の美しさで絶大な人気を誇ります。同心円を巻くような模様が特にはっきりと出ている個体をコンセントリックと呼び、珍重されています。青みがかった地肌とウミガメを思わせる目も人気です。

ノーザンダイヤモンドバックテラピン

カロリナともども輸入数が多いカメ

カロリナとは棲息域の違いで分けられていますが、ほぼ同じ特徴を持っています。カロリナとの違いは体色がやや濃いことと、甲羅のキールがコブにならないところ。それほど臆病ではありませんが、飼育の際には水質に気を付けましょう。

ジーベンロックナガクビガメ

ナガクビガメといえばコレ

首の長いカメの代表といえる種で、飼育数も多いカメです。ただ首が長いため皮膚の露出が多く細菌や寄生虫が付きやすいので、水質に気を配る必要があります。

パーカーナガクビガメ

そっぽ向いてる
わけじゃないよ

ナガクビガメの中でももっとも首が長く見た目も美しい種です。泳ぎも上手で運動量も多いため、広めの水槽が必要になります。

ベニマワリセタカガメ

とんがり帽子に
赤いライン

甲羅の突起がとんがり帽子のようで、その形と顔や甲羅に入る鮮やかな赤の彩りが美しく人気の品種です。成長すると甲羅のとんがりは無くなるようです。

アッサムセタカガメ

おもちゃのような
かわいらしさ

甲羅のとんがりが特徴のセタカガメの中でもっとも小型で、成長してもセタカガメらしさが失われない種です。姿のかわいらしさで人気ですが稀少なカメでもあります。

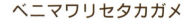

水棲種

ニカラグアクジャクガメ

ミドリガメの親戚

甲羅の目玉のような模様が特徴で、ミドリガメの中では大きく育つ種類なので、大きな水槽などが必要になります。

スッポンモドキ

ウミガメのような泳ぎ上手

名前にスッポンと付いていますが全くの別種です。ウミガメのような風貌で人気があり、また泳ぐのが得意なカメです。かなり大きく育つのと十分な水量の水槽が必要となるため、飼うのにはハードルが高いカメです。

カメ飼いへの道

カメは大人しくて
長生きだから飼いやすい…
たしかにその通りですが、
それは正しい飼い方をした場合。
種類ごとに適切な飼い方を
マスターして、
末永くカメとの暮らしを
楽しみましょう。

ペットとしてのカメ

ペットとして理想的な要素を合わせ持つ

カメはペットとして、とても理想的な動物です。大きくなり過ぎない、エサが容易に入手できる、うるさくない、人に危害を加えることがない…等々、ペットを飼う上でのデメリットを見事にクリアしています。あえてマイナス点をあげるなら、犬や猫のように人になついたりしないことですが、のんびり日光浴をする姿や、一生懸命エサを食べる姿は、見ているだけでも心が癒されます。

さらにいえば、ペットとして飼える種類が豊富で、選択の幅が広いことも挙げられます。すでに説明した通り、生態によってリクガメ、ミズガメに分かれ、ミズガメはさらに陸棲種、半水棲種、水棲種に分けられます。さらに、それらの中にもいろいろな種類のカメがいて、それぞれ特徴を持っています。

その中から、まずは自分が気になるカメを見つけることです。どのカメにも飼う楽しさ、難しさがあり、カメ飼いの醍醐味を味合わせてくれるでしょう。

ペットで飼えるカメの分類

リクガメ

ミズガメ

半水棲種

陸棲種

水棲種

カメを飼う前に

大事なのはペットの命に責任を持つこと

カメはあらゆるペットの中でも、最も気軽に飼い始めることができるもののひとつです。しかし、気楽に始められるからといって、一度飼い始めれば気軽にやめられるわけではありません。たとえ子どものお小遣い程度の金額で買ったカメでも、ひとつの命です。飼育を始めるということは、同時にその命に責任を持つことなのです。

まず、理解しておいてもらいたいのが、カメは適切な飼育を行えば、かなり長生きする生き物だということです。10年どころか20年以上飼うことになる可能性もあります。最初にそこまでの付き合いになっても飼いきれるかどうか、を考えてみてください。もっとも、カメの飼育自体は、容易なので、飼い続けることは難しくありません。

ただ、結婚や引っ越しなど諸事情で、やむを得ずカメを手放さなければならないことがあるかもしれません。その場合でも、カメは絶対に捨てないでください。日本の環境が合わない種なら生き延びられないですし、環境に適応できる種でも日本の生態系を壊してしまうおそれがあるからです。どうしても飼えなくなってしまった場合は、ペットショップや獣医さんに相談すると良いでしょう。

カメの生態を知ろう

池や沼にいるカメも ひなたぼっこが大好き

ペットショップに行かなくても、近所の沼や池でもカメの姿を見ることはできます。これも、カメが身近な生き物である理由のひとつといえるでしょう。

自然界におけるカメの生態を、池のクサガメを例に見てみましょう。カメは基本的に昼行性で、昼間はエサを探したり、日光浴で体を乾かしたり、温めたりします。そして夜は水の底で眠ります。

活動する季節は春から秋の間。冬場は

土や落ち葉、池の底の泥に潜って冬眠します。冬眠中は体の代謝が極端に落ちることで、エサを食べなくても済むようになっています。そして春になると冬眠から覚め、地上に出てきます。ちなみに冬眠するのは温帯に棲む種で、亜熱帯、熱帯に棲むカメは冬眠しません。

春に冬眠から覚めると、基本的に繁殖期を迎えます。交尾が終わると1ヶ月ほどで産卵が行われます。卵は3ヶ月ほどでかえり、新しく生まれたカメたちの生活が始まります。

飼育する上では、できるだけ自然の環境を再現することが大事ですが、冬眠に関しては、繁殖を考えるのでなければ、させる必要はありません。むしろ失敗のリスクを考えると、冬眠させない方が良いでしょう。

カメ飼育グッズのきほん

ケージに入れて室内で飼うのがおすすめ

カメは屋外で飼うこともできますが、温度管理が難しいことと、野良猫やカラスに襲われたり、事故や盗難などのトラブルが起こる可能性を考えると、ケージに入れて室内で飼うことをおすすめします。

まずは飼育ケージを選びます。陸棲種も水棲種も水槽が一般的ですが、水槽以外にもタライやコンテナボックス、プラケース、衣装ケースといったものを利用することもできます。ただし、いずれの場合も、水が漏れたり、割れたりしないよう、丈夫でしっかりとしたものを選びましょう。最近では、カメ飼育に適した専用の水槽も売っているので、それらを使うのもおすすめです。

飼う種類に応じてセッティングしよう

半水棲種のカメにも体を乾かすための陸地は必要となります。レンガや石、流木などを使って陸地を作ってあげましょう。また、水に浮く浮島タイプの陸地も市販されています。これらには水槽が広く使えるというメリットがあります。

リクガメのケージには床材を敷きます。砂や赤玉土、ウッドチップ（砕いた木片）、ヤシガラなどが使われますが、それぞれ一長一短があるので注意しましょう。新聞紙など、滑りやすいものは踏ん張りが利かず、カメの足腰に負担をかけるので使用しないようにします。また、猫用の砂は、エサと一緒に飲み込んだときに胃の中で固まってしまうおそれがあるので、使わない方が無難です。

用意するもの

どんな種類も
コレは必要

飼育ケース

水棲種の場合、カメが小さいうちはメンテナンスのしやすさを考慮して、プラケースやコンテナボックスのような取り扱いが容易なものを使うと良いでしょう。リクガメの場合は、最初から少し大きめのケージ（60cm水槽など）で飼い始めてもかまいません。

リクガメ・陸棲種

床材

乾燥を好むタイプは砂や赤玉土、湿気が必要なタイプはヤシガラや腐葉土を敷きます。消臭効果などがある専用の床材を使っても良いでしょう。基本的に、汚れたらその部分だけ捨て、新しく補充するようにします。

水棲・半水棲種

エサ・水の容器

床材とエサが混じってしまわないようにするためにもエサ容器は必要となります。カメが出入りしやすいよう、浅いものにしましょう。また、水入れはひっくり返されないように、安定感のあるものを選びます。

陸地

陸地の広さは、カメの体全体が水から出るようであればOKです。上がりやすいように表面がザラザラしたものにしましょう。浮島タイプは動かないように吸盤で固定します。また、流木はアク抜き済みのものを使います。

寒い季節も
コレでバッチリ!!

保温用のグッズ

水中ヒーター

水中ヒーターには、あらかじめ設定された水温を自動的にキープするオートタイプと、自分で設定温度を変えられる温度調節タイプがあります。オートタイプの場合、水量によっては設定温度に届かないこともあるので、温度調節タイプがおすすめです。

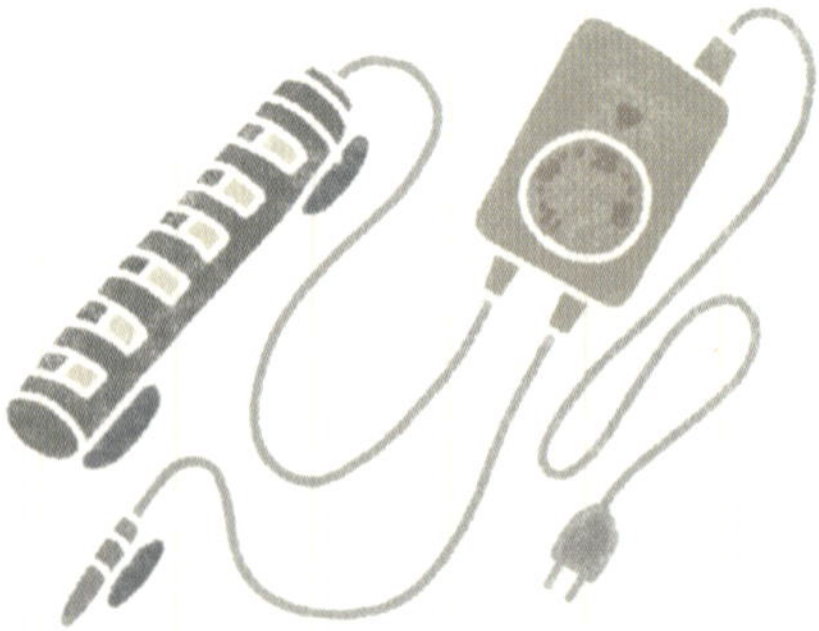

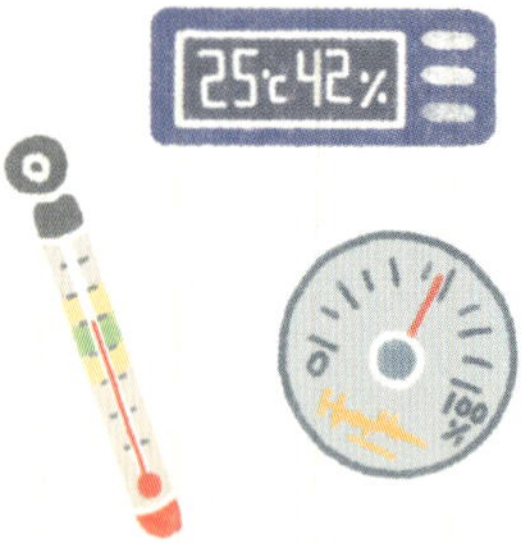

温度計と湿度計

適切な温度がキープされているかを知るために、水棲種、陸棲種ともに温度計は不可欠です。さまざまな種類がありますが、デジタルタイプのものが見やすく便利です。なお、リクガメを飼う場合には湿度計も設置しましょう。

冬は水中ヒーターで温かい温度をキープ

水棲種の場合、水温が20℃を超えるような時期には、加温しなくてもかまいませんが、20℃を下回るようであれば、水中ヒーターで水を温めてあげる必要があります。特に、熱帯産のカメは寒さに弱いので注意が必要です。また、温帯産のカメでも幼体のうちは高めの水温で飼った方が元気に育ちます。

水中ヒーターは熱帯魚用のものがそのまま使えます。ケージの大きさに応じて適切なサイズのものを選ぶと良いでしょう。なお、水中ヒーターに直接カメが触れると火傷するおそれもあるので、ヒーターにはカバーを付けるようにします。

保温用ヒーター

空気を温める電球型と、底面を温めるプレート型があり、いずれもワット数が大きくなるほど、放出する熱量が多くなります。プレート型の多くは設定温度を保つ機能が付いていますが、電球型には付いていないものが多いので温度の上がり過ぎに注意しましょう。

ヒーターは必ず用意するの!?

リクガメはほぼ全種類ヒーターが必要です。ハコガメなどの陸棲種のミズガメも、小さいうちは高めの温度で飼った方が良いので、やはりヒーターは必要です。ヒーターを使わずエアコンで部屋全体を温めることもできますが、その場合、電気代が恐ろしいことに…。

陸棲種は ケージ全体を温める

水棲種は水中ヒーターを使えばカメに必要な水温はキープできますが、陸棲種の場合は、ケージ内の空気を温めることで、ケージ全体を温めるようにします。加えて、腹部を冷やさないように底面からも温める必要があります。

空気を温めるには、光を出さず熱だけ放出する、保温用の電球を使います。これでケージ全体を温めたら、プレート型ヒーターを使って底面から温めます。保温用電球もプレート型ヒーターも、いずれも爬虫類専用のものが市販されているので、それぞれケージの大きさに合ったものを選ぶと良いでしょう。

甲羅干しするの
大好き♪

日光浴用照明グッズ

スポットライト

ひなたぼっこや甲羅干しはカメにとっては不可欠。そのために保温用電球とは別に、スポットライト（バスキングライト）が必要となります。普通の電気店で売っているレフ電球の40 ～ 60Wのものでも OKですが、爬虫類専用のライトも市販されています。

紫外線ライト

直射日光による日光浴ができない場合、紫外線を放出するライトが必要です。一般的なライトでは代用できないので、専用のものをペットショップで購入しましょう。蛍光灯型が標準的ですが、電球型やスポットライトを兼用できるタイプもあります。

おっイイネ！

太陽光による自然の日光浴で十分!?

一日のうちの十分な時間、直射日光による日光浴をさせられるなら、紫外線ライトは不要です。むしろ可能なら日光浴は積極的に行うべきでしょう。ただし、温度の上がりすぎやカラスの襲撃などの不慮の事故を防ぐため、必ず飼育者がそばで見守っていてください。

そのほかあると便利なグッズ

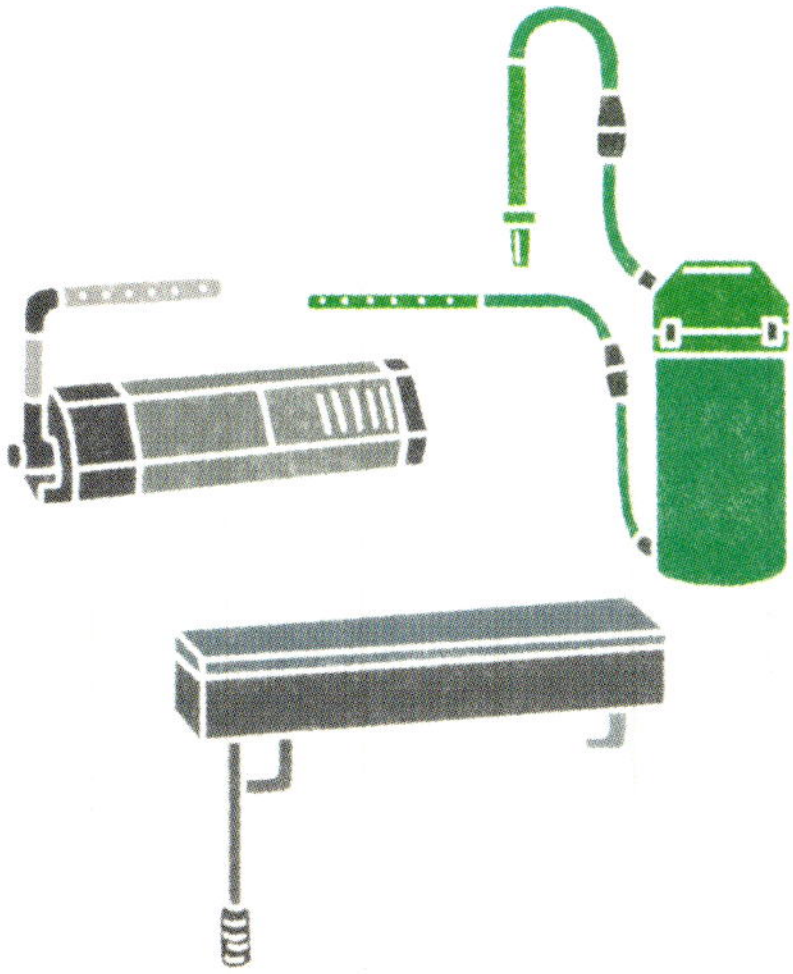

フィルター（ろ過装置）

水をろ過するフィルターがあれば掃除の手間を軽減してくれます。ただ、あくまで水換えの頻度を減らすのが目的で、水換えをしなくても良いというわけではないので注意しましょう。

砂利

水槽の下に砂利を敷き詰めると、見映えが良くなります。しかし、大粒の砂利だとすき間に食べ残したエサや排泄物がたまってしまい、水の汚れを早める原因となってしまいます。掃除が頻繁に行えるのであれば良いですが、そうでなければ敷かない方が無難です。

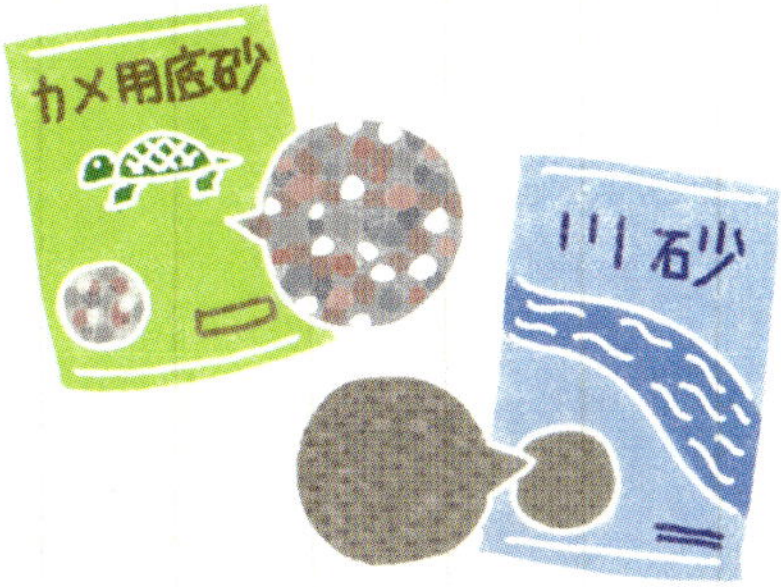

シェルター

元来、臆病な生き物であるカメは身を隠すことのできるシェルターがあると落ち着きます。特に飼育し始めた頃は、環境に慣れるまではシェルターがあった方が良いでしょう。環境に慣れてきてシェルターに入らなくなったら、取り除いてしまってもかまいません。

カメのケア

変温動物なので温度管理が重要

　カメは自分で体温調節ができない、いわゆる変温動物です。そのため、自然界においては寒いときは太陽光で体温を上げ、暑い場合には木陰や水に入るなどして体温を下げます。また、気温が低い場合は動かずじっとしています。

　また、カメの本来の生息域によって活動に適した温度は異なります。当然、亜熱帯や熱帯産のカメは、温帯の日本よりは高い温度を必要とします。

　そのため、ペットとして飼う際も温度管理が重要となってきます。前述の保温器具を使って、カメが活動しやすい温度をキープしてあげましょう。ちなみに、幼体の場合は、体調を崩しやすいので、温帯産であっても、やや高めの温度で飼った方が安全です。

　気を付けたいのが、春先や秋の急激な温度の変化です。たとえ室内であっても、保温せずに飼っていると、急な寒さでケージ内の温度（水温）が予想以上に下がってしまうこ

カメに適した温度の目安

種　類	水　温	陸地の温度
日本・北米・ヨーロッパ産	20℃	23 ~ 26℃
亜熱帯産	20℃	25℃
熱帯産	22 ~ 24℃	24 ~ 28℃

ともあります。それを避ける意味でも、少なくとも秋口から春先の間は、ケージを保温するようにしましょう。

リクガメは温浴させて水分補給を！

リクガメは基本的にはエサから水分補給をしますが、それだけでは足りない場合もあります。ケージ内に水飲み用の容器を設置しても良いのですが、ひっくり返してしまったり、床材が混入して、不衛生になったりするおそれもあります。

そこでおすすめしたいのが温浴です。温浴はぬるま湯にカメを入れることで、カメに水分補給させるほか、体の代謝を促す効果があります。また、代謝が上がることで、温浴中に排便や排尿を行う場合もあります。

やり方は、手を入れて温かいと感じるくらいの温度のぬるま湯を容器（洗面器など）に入れ、その中にカメを入れます。水位はカメが溺れてしまわないよう、頭を伸ばせば呼吸できる深さ（四肢が全部浸かる程度）にします。

時間はお湯が冷める前くらいまで。途中で糞や尿が出た場合は、そこでやめてもかまいません。お湯から出したら、ティッシュなどでよく水分を拭いてあげてからケージに戻します。頻度は2日に1回くらいで、幼体のうちは毎日でも良いでしょう。

高い湿度を好む種類は乾燥に注意！

アカアシガメやインドホシガメは湿度の高い環境を好むので、ケージ内の湿度を上げる必要があります。定期的に霧吹きでケージ内を湿らせたり、ケージ上部に濡れタオルをかけたりすると良いでしょう。

夏場と冬場の過ごし方

真夏の日中には温度の上がりすぎに注意！

温かくなってくると、ケージをベランダなど陽当たりの良い場所に置くと、カメは喜んで日光浴をします。温帯のカメなら、梅雨明けから秋口までは、屋外で飼っても良いでしょう。

ただ、このとき、気を付けなければならないのは、温度の上がりすぎです。炎天下、陽当たりの良い場所にケージを置くと、中の水温がグングン上昇して、手を入れられないほど熱くなってしまうことがあります。そうなると、最悪、中のカメが熱中症で死んでしまうこともあります。必ず陸地に日陰の部分を設け、暑さから逃れられるようにしましょう。また、定期的に水温をチェックし、上がりすぎないよう、水を足したりすることも必要です。

リクガメの場合も同様で、屋外に置くときは必ずシェルターを用意します。また、日本の夏はじめっとしているので、屋内においてある場合でも、ケージの風通しを良くし、蒸れないように注意しましょう。空気を循環させる熱帯魚用のファンなどを用いても良いかもしれません。

リスクが高いカメの冬眠

野生下ではカメは冬場には冬眠をしますが、それはエサが乏しく、活動に向かない時期を乗り切るための手段であって、冬眠をしなければ生きていけない、というわけではありません。むしろ冬眠にはリスクがあり、失敗してそのまま死んでしまうこともあるのです。

ただ、繁殖を考えている場合は冬

眠が必要となります。基本的に、冬眠させないとメスは繁殖できる状態にならないといわれているからです。

このように、冬眠に失敗するリスクを考えると、少なくともペットとしてのカメは、冬眠はさせずに、冬でも保温して飼う方が安全といえます。ヒーターなどの保温器具を用意して、冬を乗り切りましょう。ちなみに幼体は種類にかかわらず、冬眠はNGです。

また、寒さが厳しい地方では、保温ヒーターのワット数を大きくしたり、断熱効果のあるもの（発泡スチロールなど）でケージを覆うなどして、より効率的に保温しましょう。

また、冬は乾燥に対してもケアが必要です。特にリクガメのケージ内が乾燥しやすいので、温浴の頻度を上げるようにしてください。このとき、室内が寒いとお湯が冷めやすいので注意してください。また、温浴が終わった後は、湯冷めしないよう水分をよく拭き取ってあげるようにしましょう。

また、暖房のあるなしで部屋の温度がかなり変わりますから、夜、暖房を切った後に、ケージ内の温度が下がり過ぎないよう注意しましょう。

おうちの環境

寒さや暑さ対策のほか メンテのしやすさも

室内にケージを置く場合、場所にも注意が必要です。人の出入りの激しいところはカメは落ち着けないのでNGです。また、人が通る度にケージが振動したり、人の影が横切ったりすると、臆病な個体はシェルターから出てこなくなったりすることもあるので、少なくとも飼育開始当初は、騒がしくない場所に置いて、カメを落ち着かせるようにしましょう。なお、夜になっても明るいままだとカメが安心して寝られないので、夜には暗くなるような場所にします。

また、たとえガラス越しでも太陽光が当たることは良いことなので、できれば陽当たりの良い場所に置きます。まったく陽が当たらない場所に置く場合は、必ず紫外線を含むライトを使用してください。

ただし、夏場など陽射しが強い時期は、ケージ内の温度が上がりすぎるおそれがあるので注意しましょう。また、通気性が悪いとケージ内が蒸れてしまうので、風通しの良さも必要です。

逆に冬場の場合は、外からの冷たい風が当たるような場所だと、温度管理が難しいので気を付けましょう。

そして、メンテナンスのしやすさも重要です。特にミズガメは、ケージ内の水を取り替えるのがたいへんだと、水換えの頻度が下がることにつながりかねません。水を捨てる場所や新しい水を入れる水道が近くにあると便利です。それが無理でも、水換え作業ができるスペースは確保したいところです。ちなみに、衛生上の問題があるので、キッチンのシンクや洗面所には、絶対に汚れた水を捨てないようにしましょう。

飼育ケースを置くときの注意

◎ **通気性が良い**

風通しが良く、陽射しが当たる場所が良い。

× **落ち着かない**

人の気配や大きな物音がする場所は避ける。

× **光が当たらない**

まったく陽の当たらない場所の場合には、紫外線対策を。

× **温度が上がりすぎる**

気温や水温が上がり過ぎる場所は避ける。

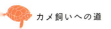

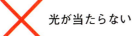

レイアウト例①〈陸棲種〉

シェルター

カメを落ち着かせるためにあった方が良いです。出入りが容易で、中で向きを変えられるくらいのサイズが望ましいです。

スポットライト

カメが体を温める場所（ホットスポット）を作ります。エサやりなどのときに邪魔にならない場所に設置すると良いでしょう。

温度計・湿度計

熱すぎないかをチェックするためホットスポットの近くに温度計は設置しますが、最も温度の低い場所にもうひとつあると役立ちます。

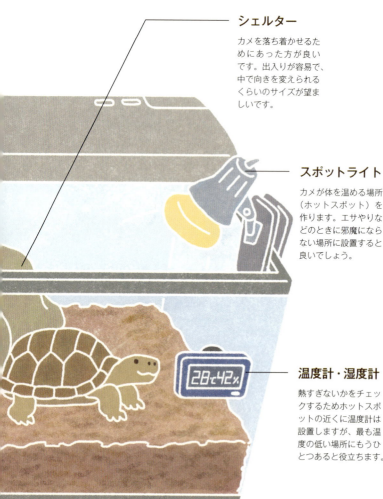

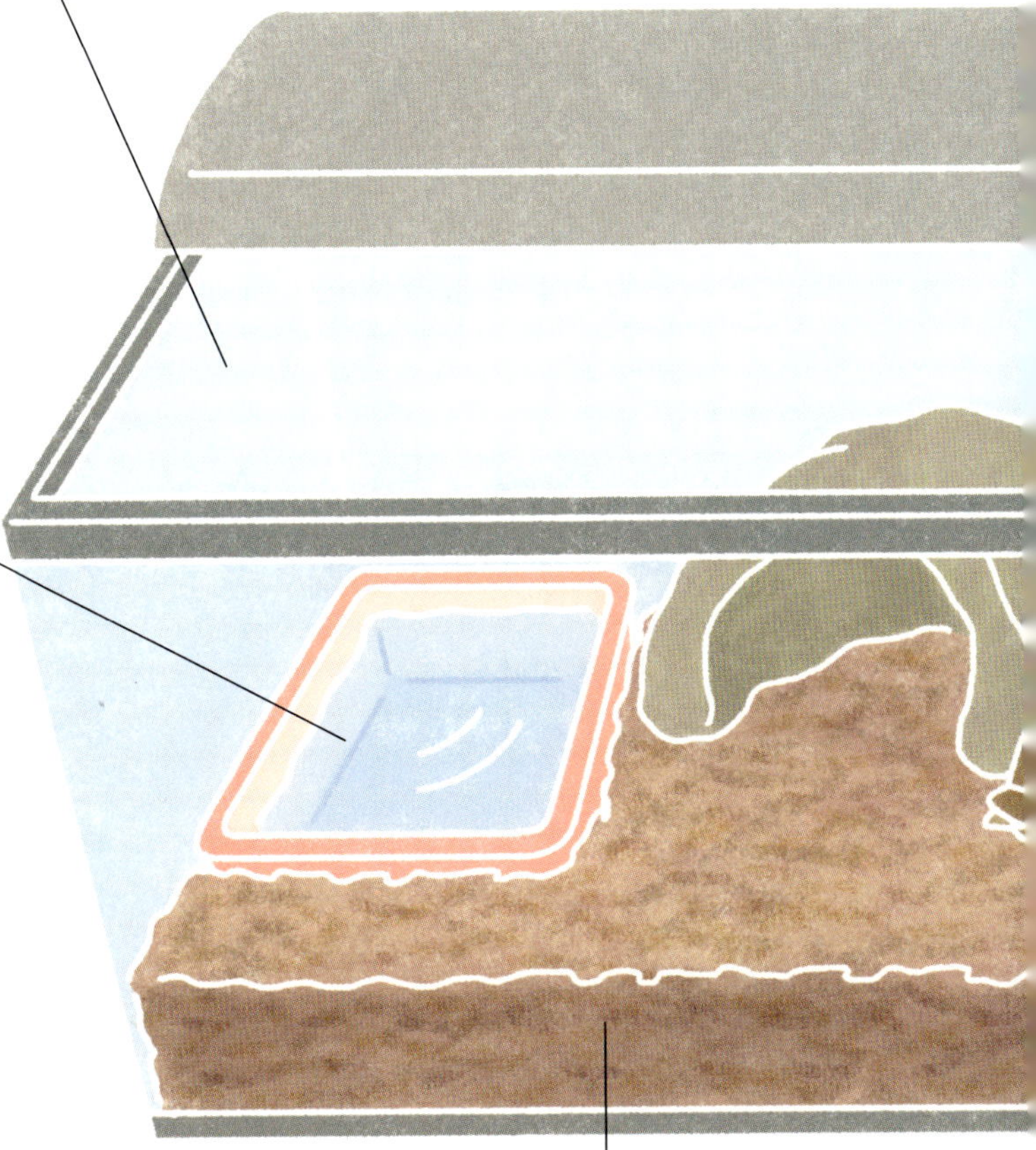

ケース

逃げられる心配はないので、ケージに蓋をする必要はありませんが、もし設置するなら通気性を確保できるもの（金網など）にします。

水場

陸棲種のミズガメには必須。リクガメの場合は、温浴が頻繁にできるなら、なくても可。中の水が汚れたら速やかに取り替えます。

床材

カメが潜ったりできるよう、やや厚めに敷きます。汚れたらその部分を取り除き、その分を補充するようにします。

レイアウト例②〈半水棲種〉

温度計

陸地の温度（気温）を測ります。特になくてもかまいません。

スポットライト

陸地に向けて光を照射するよう設置します。水しぶきがかかると割れる危険があるので、あまり水に近づけすぎないようにします。

陸地

必ず乾いている部分があるようにします。カメが小さいうちは、登りやすいように水中に段差をつけるなどすると良いでしょう。

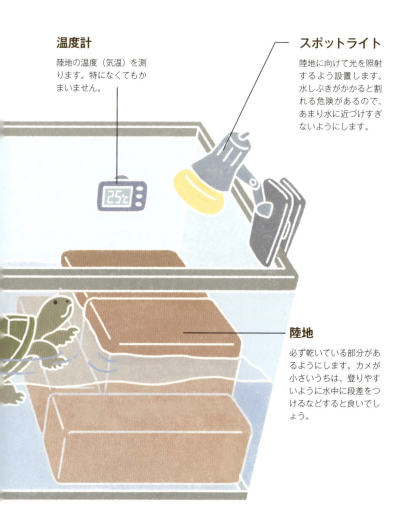

ケース

小さいうちはメンテナンスのしやすさを優先して、プラケースでもかまいません。大きくなったらしっかりした水槽がベターです。

水中ヒーター
（カバー付き）

火傷の怖れもあるので、念のためヒーターにはカバーをつけます。こちらもカメに外されないようにしっかりと固定します。

水温計

ヒーターのすぐ近くよりも、やや離れたところに設置します。カメに外されないよう、しっかりと固定します。

水

種類に応じて水量を変えます。泳ぎの得意な種や底を這い回るのが好きな種は、少し多めの水量でもかまいません。

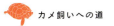

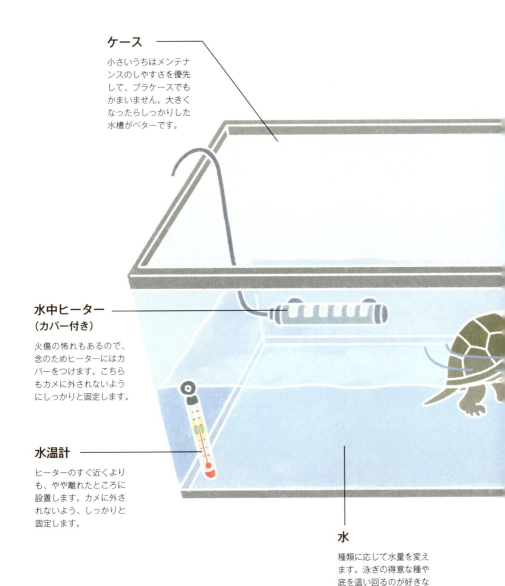

レイアウト例③〈水棲種〉

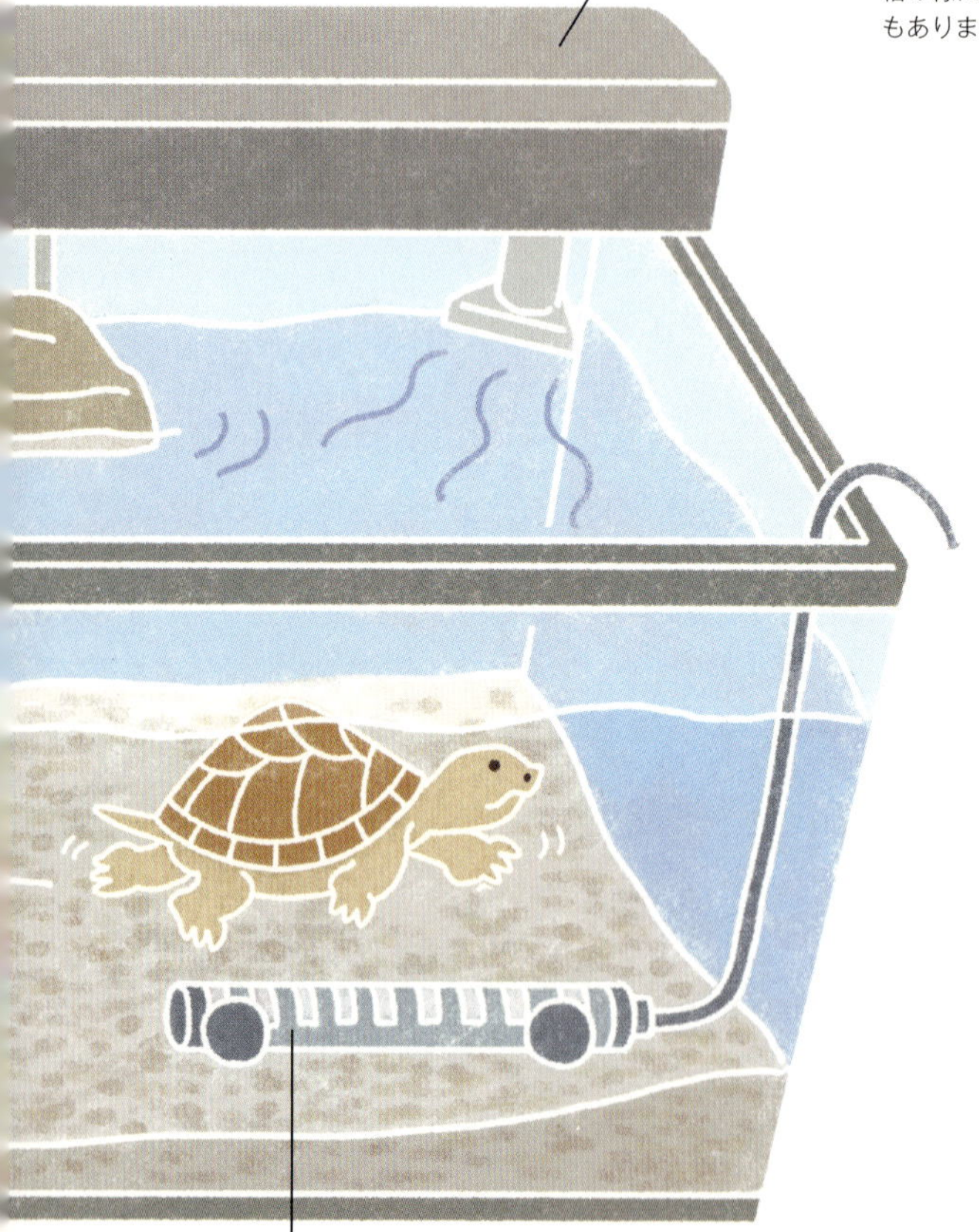

フィルター

水量が多くなるので、水換えの負担を軽減するために設置します。水中タイプのほか、水槽の縁にかけるタイプもあります。

水中ヒーター（カバー付き）

半水棲種同様、念のためカバーをつけます。水量が多いので、出力の大きいものを選びます。

陸地

水棲種でもたまに登ることがあるので、設置しておきます。浮島タイプのものならカメの遊泳スペースをより多く確保できます。

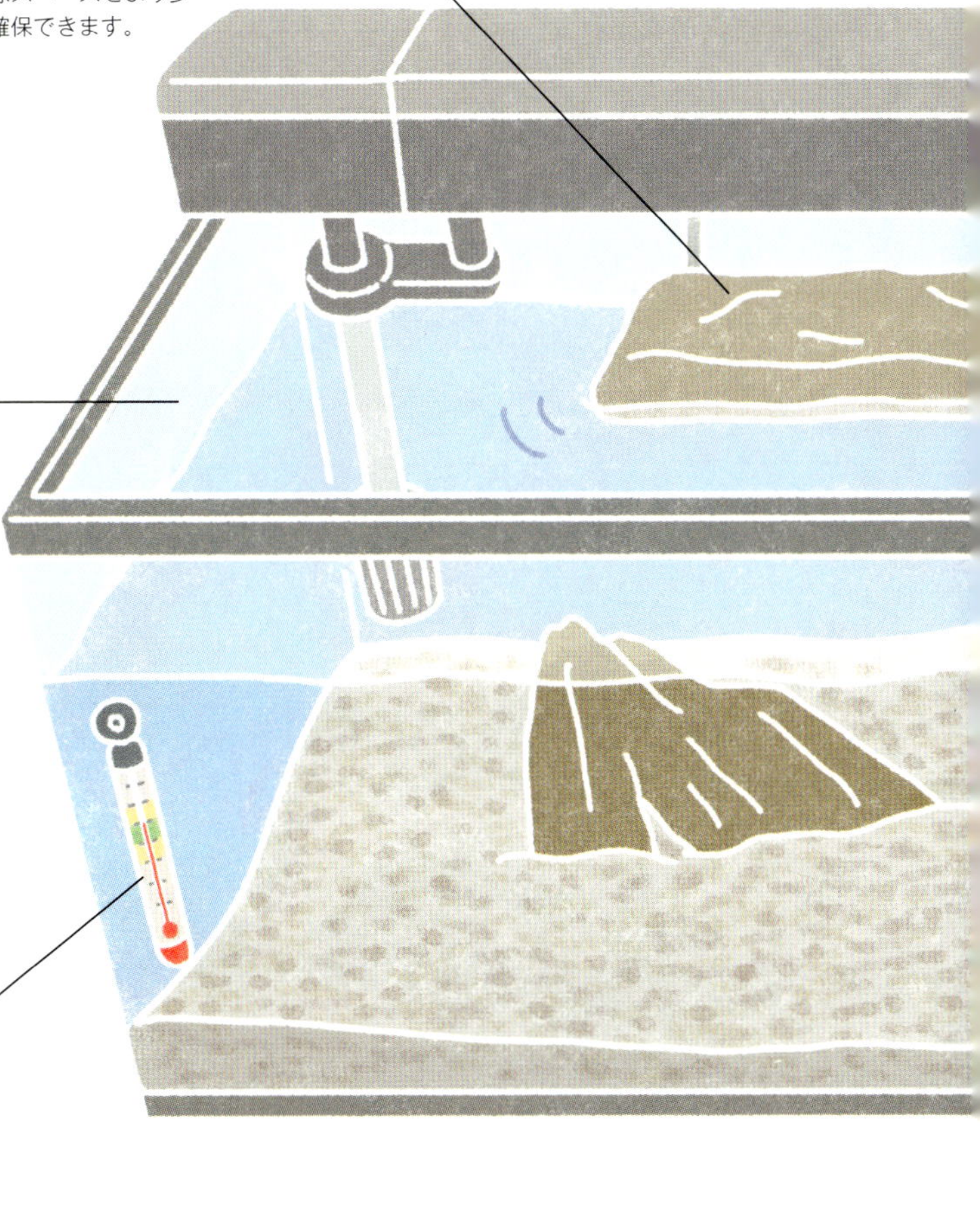

ケース

ガラス水槽なら、丈夫でかつ、水中で泳ぐカメのようすもよく観察できます。中古品は水漏れのチェックを忘れずに。

水温計

目盛りが見やすい場所に設置します。

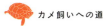

カメのごはん

カメの食性に合わせてエサを用意しましょう

カメの食性（食べるものの種類）は、大きく分けて3タイプに分けられます。昆虫や小動物、魚類などを食べる肉食性、野草、野菜などを食べる植物性、そして両方の食性を持つ雑食性です。飼う時は、そのカメの食性に合わせたエサを用意する必要があります。ただし、ペットとして流通しているカメで特殊な食性を持つものは少なく、エサの入手が困難ということはありません。基本的にリクガメは草食性、ミズガメは雑食性と覚えておけばＯＫです。

草食性のカメには、小松菜やチンゲンサイなどの野菜と、タンポポやクローバーなどの野草がエサとして適しています。野菜はスーパーで売っているものでかまいません。ただ農薬などが付いている場合もあるので一度洗ってから与えましょう。

雑食性の場合は、カメ用に作られた人工飼料が市販されており、栄養バランスや嗜好性などを考えても、これを与えるのがベストです。

なお、肉食性のカメのエサは、小魚やコオロギ、ザリガニなどのようにペットショップに行かないと手に入りにくいものが多いという難点があります。

カメの食性は大きく分けて３タイプ

肉食性傾向

スッポン、ハラガケガメ、サルヴィンオオニオイガメ、ニシクイガメ、パーカーナガクビガメ

草食性傾向

リクガメ全般、スッポンモドキ

雑食性傾向

クサガメ、ミシシッピアカミミガメ、ダイヤモンドバックテラピン、キボシイシガメ

カメのごはんをチェック!!

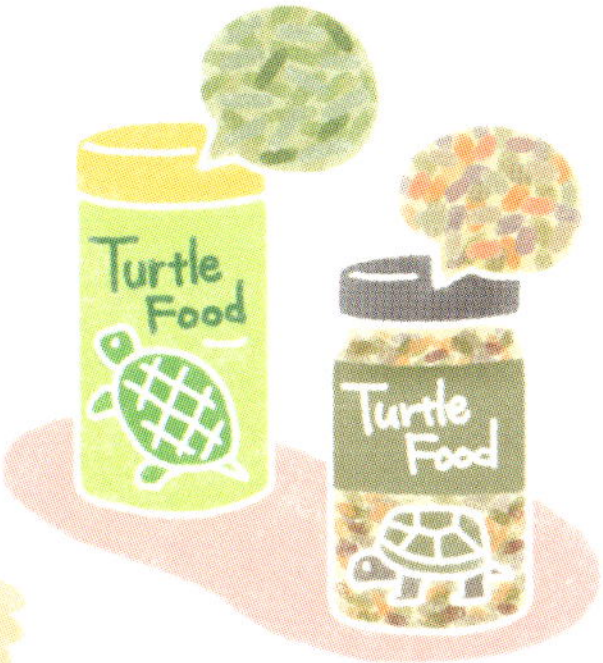

人工飼料

人工飼料の中にも水に浮くタイプや水に沈むタイプ、サイズにも大粒、小粒などさまざまな種類があるので、カメの種類や大きさに合うものを用意しましょう。

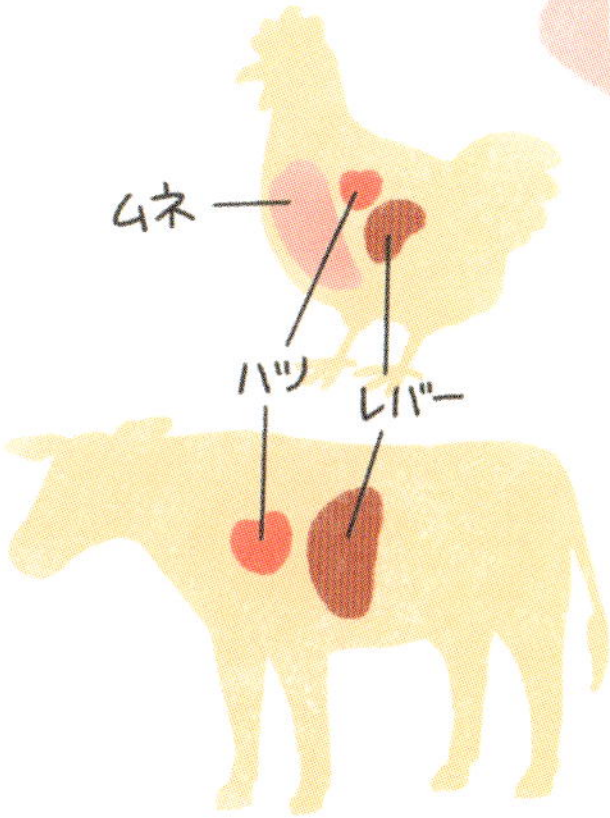

植物性のもの

小松菜、チンゲンサイ、モロヘイヤなどのほか、バナナやイチゴといった果実を好む種もいます。タンポポやクローバーなどの野草は、農薬がかかっていないものを採取します。

動物性のもの

生肉は脂肪の少ない部位を選びます。鶏肉ならムネをミンチにして。また、牛や鶏のレバーやハツなどの内臓系も、食べやすく切って与えます。ピンクマウスも良いエサです。

活き餌

小魚（メダカ、エサ用金魚）、沼エビ、ザリガニなどのほか、昆虫類（コオロギ、ミルワーム）など。栄養にやや偏りがあるので、主食としてあげる場合は注意が必要。

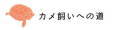

ごはんの量とペース

なるべく1回の給餌で食べきれる量に

1回のエサの量ですが、個体差もあるので、決まった量というものはなく、カメの食欲に応じて調整します。幼体のうちはどんどん食べさせて早く成長させた方が良いので、食べ残しが出るくらい、少し多めに与えます。成体の場合は、1回の給餌で食べきれる量がわかったら、やや減らして与えるようにします。

ミズガメの場合、食べ残したエサが水の汚れの原因となるからです。リクガメもおおむね同じですが、1回に食べきってしまう個体もいれば、休み休み食べる個体もいます。野菜類ならそんなにケージが汚れる心配もないので、食べ残しをすぐに片付ける必要はありません。なお、ミズガメもリクガメも、冬場は食欲が落ちやすいので、量を少し減らしても良いでしょう。

エサを与えるペースは、育ち盛りの幼体なら毎日与えるようにします。成体の場合は、リクガメなら毎日、ミズガメだったら2、3日に1度でかまいません。

エサを食べないときは!?

ケージ内の温度が低いと食欲が落ちることがあるので、温度設定を再確認しましょう。また、いつもと違うメニューにすると食べることがあります。あまりに長期間に渡ってエサを食べないようなら、病気の可能性もあるので、動物病院に連れて行くことをおすすめします。

ごはんを与えるときに気をつけること

食べやすいサイズで与えるのが基本

雑食性のミズガメに人工飼料を与える時は、幼体には小粒のものにするか、食べやすいように砕いて与えます。成体にはそのままでOKです。なお、泳ぎの得意なカメには水に浮くタイプ、底を這い回っているカメには沈むタイプ（沈下性）のエサをあげるようにしましょう。

リクガメの場合、1種類の野菜や野草を与えるのではなく、刻んで何種類かを混ぜて与えると良いでしょう。また、噛む力が弱い幼体のうちは葉先の柔らかい部分を与え、成長したら茎や芯などの硬い部分も与えてもかまいません。

また、リクガメはどうしてもカルシウムなどの栄養分が不足しやすいので、補助的にサプリメント類を与える必要があります。爬虫類専用のカルシウムパウダー等が市販されているので、エサに振りかけて与えるようにします。

なお、床材を誤って飲み込まないよう、エサは浅い容器に入れて与えると良いでしょう。

カメに与えてはダメなもの

乳製品やハム、菓子類など、人間が食べるために手を加えてあるものは基本的にNGです。また、鳥などほかの動物用の人工飼料もやめた方が無難です。なお、野菜類の中には、恒常的に摂取するとカメに良くない成分が含まれているものもあるので注意しましょう。

カメとの日常

リクガメは温度の管理が大事

リクガメは朝に紫外線ライトとホットスポットのスイッチを入れます。そして水入れがあるなら、新しい水に取り替えます。また、糞などで床材が汚れていたら、汚れた部分の床材ごと捨て、新しいものを補充します。

ケージ内が温まってきたら、エサを容器に入れて与えます。慣れた健康な個体なら、エサを見かけたらすぐに寄ってくるはずです。前述したように、食べ方にも個体差があるので、食べるのをやめても、すぐにエサ容器を片付けず、そのまま出しておきます。

その後、必要なら温浴を行います。前述した通り、温浴は毎日でなくてもOKです。温浴後は、特にすべきことはありません。

そして夜になったら紫外線ライトとホットスポットをオフにし、保温ヒーターを入れます。これが基本的な一日のスケジュールです。

ミズガメは水質のチェックが重要

ミズガメも基本的な日課は同じです。朝、紫外線ライトとホットスポットのスイッチを入れ、その後、エサを与えます。あとは水が汚れていたら取り替えます。ただし、水換えは大変な作業なので、小さなプラケースならともかく、大きな水槽の場合は、1/3ぐらいの量を入れ替えるだけでも良いでしょう。そして休日など、時間のある時にすべての水を取り替えるようにします。

保温に関しては、水温をチェックして、水中ヒーターが正常に作動していることを確認できればOKです。特に冬場の故障は命取りになるので注意しましょう。

お掃除のしかた

リクガメは1ヶ月おき
ミズガメは1週間おき

リクガメの場合、温浴時に排便、排尿をするようになれば、掃除の手間は大幅に軽減できます。それでも、食い散らかしたりしたエサが、床材に混じってしまったりすることはあるので、1ヶ月に1度くらいはごっそり床材を取り替えてしまっても良いでしょう。

ただし、神経質な個体は、頻繁に環境が変わると食欲が落ちることもあるので、その場合は掃除の頻度を落とした方が良いかもしれません。

ミズガメの場合は、水をそっくり捨て、ケージの中を洗います。残留すると良くないので洗剤等は使わず、ブラシ等で隅々まで洗うようにします。水中フィルターを使っている場合は、その掃除も忘れずに。なお、陸地にレンガを使っている場合、滑って落としたりしないよう気をつけましょう。

また、掃除している間は、天気が良い日であれば、逃げられないように注意を払いつつ、外で日光浴させるのも良いでしょう。そういった時のためにも、予備のプラケースを用意しておくと、何かと役立ってくれます。

カメとの触れ合いと遊び

天気の良い日はカメを連れて公園でお散歩!?

カメは犬や猫のようにはなつきませんが、しばらく飼っていると、飼い主を「エサをくれる人」として認識してくれることもあります。エサを持って近づくだけで、シェルターから出てきて近寄ってくるようになることも。カメが一生懸命にエサを食べる姿は愛らしく、見ているだけで癒されます。

そうなれば、さらにかわいがりたくなるのも頷けますが、カメにとって人とのスキンシップは、あまり好ましいものではありません。過度に触ったりいじくり回したりすると、ストレスを感じてしまうおそれもあります。

それでも、リクガメなら、外に連れ出して散歩させることはできます。むしろ、太陽の陽射しを浴び、自由に歩き回れることは、カメにとってのストレス解消になるので、積極的に外に連れ出しましょう。農薬などの危険がない原っぱなら、生えている野草を好きに食べさせることもできます。

ただし、カメは思っている以上に動きが速いので、逃げられないように注意が必要です。甲羅の模様も自然界では立派にカモフラージュの役割を果たしており、一旦、見失うと探し出すのはかなり困難です。

ちなみに、ミズガメを外の水場で泳がせることは、逃げられるリスクが高いのでおすすめできません。

日光浴ってどうするの!?

甲羅の形成には紫外線が必要ですが、ガラス越しの太陽光だと効果が激減します。そのため、直射日光による日光浴は、カメにとって非常に体に良い行為になります。とはいえ、炎天下に強い陽射しから逃げ場のない状態で行うと、最悪、死に至るケースもあるので、日陰部分を設けて日光浴させるか、休み休み行うようにしましょう。

日常の触れ合いの注意点

①過度にいじり回さない

手のひらに乗せて眺めるくらいなら問題ありませんが、頭や手足を何度もつついて甲羅に引っ込めさせたり、ひっくり返してみたりなどの行為は、人にはスキンシップでも、カメにとってはストレスとなってしまいます。掃除のときなども、必要最小限に留めます。

②触ったら必ず手を洗う

いくら清潔にしていても、雑菌が繁殖するのは避けられないので、カメを触ったら必ず手を洗います。特に小さなお子さんのいる家庭では注意しましょう。また、温浴用の容器（洗面器など）も、カメ専用のものを用意し、人との共有は避けるようにしましょう。

③飼い猫、飼い犬に注意する

猫や犬を飼っている家庭では、猫や犬がカメにちょっかいを出そうとすることもあるので、ケージには金網のふたをするなどの対策が必要です。また、屋外で日光浴させているときや、原っぱで散歩させているときも、野良猫や散歩中の犬には注意が必要です。

④脱走に注意

外で散歩している時、ちょっと目を離した隙に逃げられてしまうこともあります。予想以上に行動力がありますので、見失わないように注意しましょう。見つけやすいよう、邪魔にならない程度の目印（派手な色の毛糸など）を、甲羅に貼り付けておくという方法もあります。

⑤事故に注意

掃除のときに誤って落としたり、踏んだりすると、いくら丈夫な甲羅を持つカメでもただでは済みません。また、レンガを組んで陸地にしている場合、下に潜り込んだカメがレンガをずらし、挟まれて動けなくなり、死亡することもあるので注意しましょう。

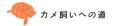

カメの購入方法と選び方

基本はペットショップ専用店ならより安心

カメを入手したい場合、基本的にはお店で購入することになります。最近は、ホームセンターなどのペットコーナーも充実し、売られているカメの種類も豊富になっていますが、やはり爬虫類専門店、もしくはカメ専用のコーナーがあるペットショップで飼うことをおすすめします。

専門店であれば、飼う上で必要な情報を詳しく教えてくれるでしょうし、カメ飼育に特化した専用のグッズやエサなども置いてあるからです。

また、買った後のアフターケアにも期待できるというメリットがあります。飼い始めると、飼育に関するさまざまな疑問点が必ず出てきます。そういったときに専門店は非常に頼りになります。

全国各地で行われる爬虫類の展示即売会に行ってみても良いでしょう。普段は行けないような遠方のショップが出店していたり、専門のブリーダーが国内繁殖の個体を販売していたりします。また、会場で成体やグッズがイベント特価で売られている場合もあるので、入手の良い機会となります。

最初の個体選びがとても大事です

購入する時の個体選びは非常に重要です。初心者が健康状態の良くない個体を選んでしまうと、飼っているうちに徐々に衰弱していき、やがてはどうしようもなくなってしまう、という最悪の事態に陥りかねません。そうならないためにも、元気で健康な個体を選びたいものです。

まず、活発に動き回っているか、よくエサを食べているかどうかをチェックします。いつ見てもぐったり

カメの選び方

種　類

ミズガメなら雑食性の半水棲種で、すでに人工飼料に餌付いているような個体ならどれも飼いやすいといえます。陸棲種はややコツが必要。リクガメはヘルマンリクガメ、ロシアリクガメが飼いやすい部類に入ります。

性　別

将来、ブリーディングを考えるならメスにしますが、特に雌雄による飼いやすさの違いはありません。どうしてもメス、あるいはオスがほしいのであれば、すでに性別がわかっている個体か、もしくは成体を選びます。

性　質

臆病な個体だと環境に馴染めず、そのまま調子を崩してしまうケースもあります。物怖じしない、手に持ったら暴れて逃げようとするような元気な個体を選びます。ただ、複数飼いをするときは、好戦的なものは避けます。

年　齢

生まれて間もないベビー個体はとてもかわいいですが、状態を崩しやすく、初心者には飼いにくいでしょう。生後半年以上経過した個体なら、環境への適応力も上がっているので、格段に飼いやすくなります。

健康状態

ケージ内を元気に動き回り、エサをバリバリと食べていれば、おおむね健康とみて良いでしょう。ずっと目を閉じ手足を引っ込めてほとんど動かないような個体は、調子を落としているおそれがあります。

したような感じで寝ていたり、シェルターにずっと隠れていたりする個体は、調子を崩しているおそれもあるので、なるべく避けましょう。

何匹かいる中から選べるのであれば、一番大きい個体を選ぶと良いでしょう。ほかの個体よりもしっかりエサを食べ、その分、成長している可能性が高いからです。

そのほか、手で持ったときにほかの個体に比べて明らかに軽く感じたり、目がしっかり開いていない個体も、できれば避けたいところです。

また、初心者のうちは生後半年未満のベビー個体ではなく、生後半年以上経過した個体にした方が安心です。どうしてもベビーから飼いたいのであれば、なるべく丈夫で飼いやすい種類を選ぶと良いでしょう。

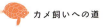

カメに関する質問箱

Q カメは鳴くことができるの？

A 鳴くことはありません。

カメは音を発する器官を持っていないため、鳴くことはできません。もし「シュー」というような音がしたとしたら、それは呼吸音です。ただし、そのような音が生じる場合は、呼吸器系統に何らかの異常があることが考えられます。カメも風邪（のような症状）になり、鼻水を出すことはあります。そういったときに、呼吸音が乱れて鳴いているように聞こえるのです。なので、そのような場合はすぐにカメをチェックし、ケージ内の温度や湿度が適切かどうか、エサをきちんと食べているかなど、飼育環境を見直します。場合によっては動物病院に連れて行く必要もあります。

Q カメも溺れるの？

A 状況によっては溺れることもあります。

実はほとんどのカメが肺で呼吸しています。水中にいるときも、肺に空気を溜めて潜っているのです。ずっと水の中にいるように見えても、実際は息継ぎのため水面に顔を出さなければなりません。そのため、たとえばレンガや石に挟まれるなどして、長時間息継ぎができない状態に陥ると、溺れて死んでしまうこともあります。水中にシェルターなどを設置する場合は、甲羅がひっかかったりしないよう、サイズや設置場所に気をつけましょう。ちなみに、冬眠時など、水に潜りっぱなしになる場合は、体の代謝を極限まで落とし、直腸呼吸で酸素を取り入れているのです。

Q リクガメが食べてはいけない野菜は？

A ホウレンソウ、キャベツなど数種あります。

ホウレンソウには、カルシウムの吸収を妨げるシュウ酸が多く含まれており、また、キャベツやブロッコリーには、甲状腺腫誘発物質が含まれているので、ともにカメには与えない方が良いとされています。ただし、恒常的に与えるのでなく、時々、ほかのエサと一緒に与える分には問題ありません。また、イチゴやバナナなどのフルーツも好んで食べますが、糖分が多いので、オヤツ程度にしておきましょう。野草はタンポポやオオバコ、クローバーなどは大丈夫ですが、害のある植物もあるので、わからないときは詳しい人に確認することをおすすめします。

Q カメも爪が伸びるの？

A 伸びます。

カメも日々、爪は伸びています。野生下だと石や岩の上を歩くことで適度に削れるのですが、特に飼育下のリクガメの場合、柔らかい床材を使っていることで、爪が削れずにどんどん伸びてしまうことがあります。伸びすぎると巻き爪のような状態になり、歩行にも影響をきたすこともあるので、その場合は爪切りで切ってあげます。この時、爪の先の血管の部分を切らないように注意しましょう。ちなみに、ケージ内にレンガやザラザラした石などを置いておくと、爪の伸びすぎの防止に一役買ってくれます。なお、ミズガメはリクガメほど爪は、気にしなくて良いでしょう。

ひっくり返ったら起き上がれるの？

リクガメは注意が必要です。

ミズガメは四肢の力も強く、首もある程度の長さがあるので、ひっくり返っても、うまく首と四肢を使って体を反転させ、起き上がることができます。また、ある程度の水深があれば問題なく元の体勢に戻れます。ただ、中途半端な深さだとうまく戻れないカメもいます。一方、リクガメはミズガメに比べ甲羅が丸く、首や四肢もミズガメにくらべ短い種が多いので、一度ひっくり返ると起き上がるのにひと苦労する場合もあります。特につるつるした床材の上では注意が必要です。基本的にひっくり返るようなことはないと思われますが、シェルターによじ登ろうとしてひっくり返るケースもあるので、油断は禁物です。

ほかの生物と一緒に飼っていいの？

ミズガメだと食べてしまうおそれも。

ミズガメのような雑食性のカメだと、金魚などほかの水棲生物を同じ水槽内に入れると、食べてしまうおそれもあります。また、イモリなども尻尾をかじられてしまうこともあるので、できれば一緒にしない方がいいと思われます。ただ、特に問題なく同居する例もあるので、試してみるのもありかもしれません。うまく同居できれば、カメの食べ残したエサを食べてくれる、掃除屋の役割を果たしてくれるかもしれません。リクガメは、食べたりすることはありませんが、ほかの生物との同居がストレスとなる可能性が高いので、やめた方が良いでしょう。

Q あると便利なものを教えて。

A 長めのトングやスポイトは重宝します。

特に専用の飼育グッズでなくとも、使い方次第で役に立つ物はいくつかあります。たとえば、調理用トングは、食べ残したエサや糞などを取り除く時に便利です。最近では100円ショップなどにも数種類置いてあるので、給餌用、掃除用など、用途に応じて用意しておくと良いでしょう。また、アク取り用のお玉を、ミズガメの食べ残しのエサをすくうのに使っても良いでしょう。大きめのスポイトも、沈んでいるエサやゴミを吸い出すのに役立ちます。こういった日常のアイテムを創意工夫して利用することも、ペットを飼う上での楽しみといえます。

Q ひとつのケージで何匹も飼っていいの？

A できれば単独飼育が望ましいです。

カメはスタンドアローンな生き物で、基本的に繁殖期以外はほかの個体を必要としません。１匹だけでは淋しいと思うかもしれませんが、多くのカメにとって、ほかの個体は基本的に生存する上でのライバルなのです。もちろん、種ごとに性格は違いますし、さらに個体差もあります。ほかの個体をまったく気にしないカメもいれば、執拗に攻撃するカメもいます。できれば単独飼育が望ましいのですが、もし複数のカメを飼いたいのであれば、それぞれの個体にシェルターやエサ容器を用意すると良いでしょう。また、エサをあげたときに、すべての個体に行き渡っているかどうかの確認も必要です。

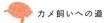

ぐるぐるカメ

gurugurukame

?????

ヨイショ
ヨイショ

見覚えが
ある気が…

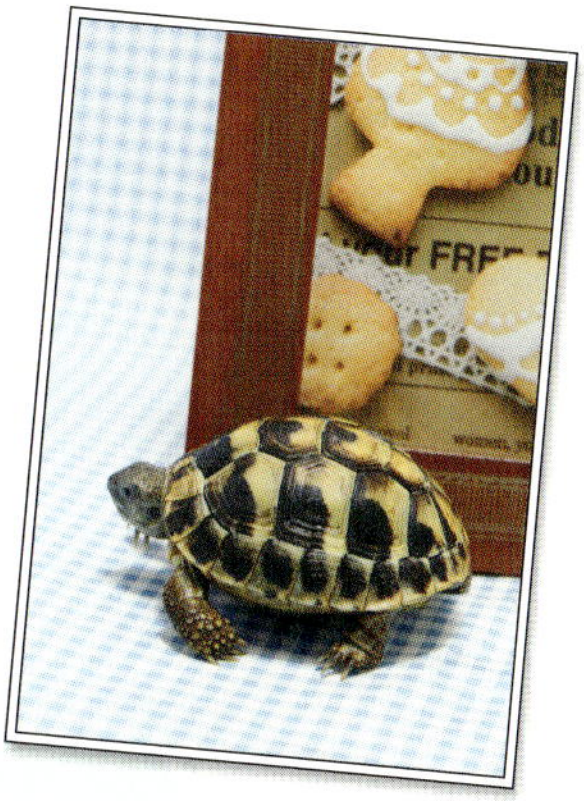

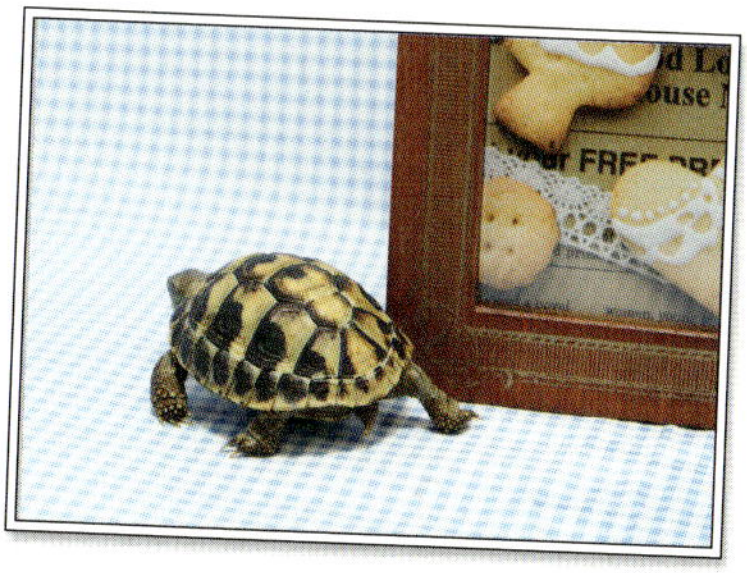

裏へ
行くんだよね!!

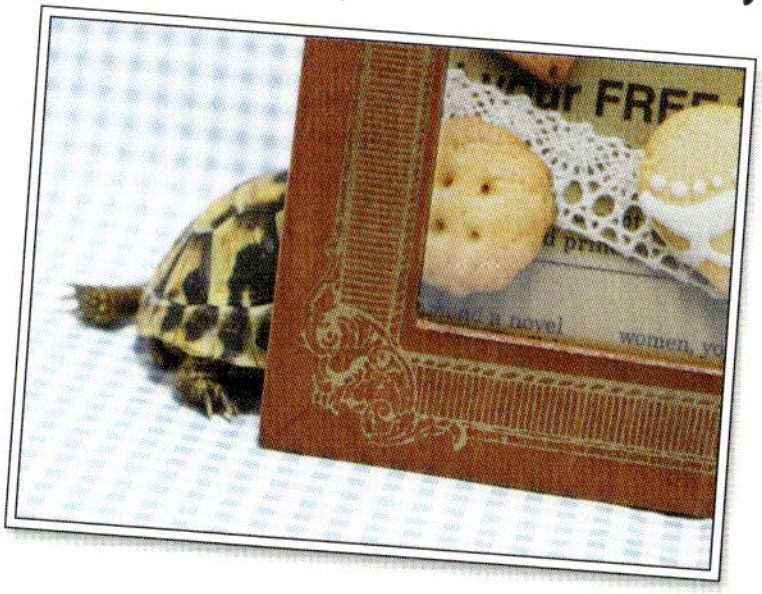

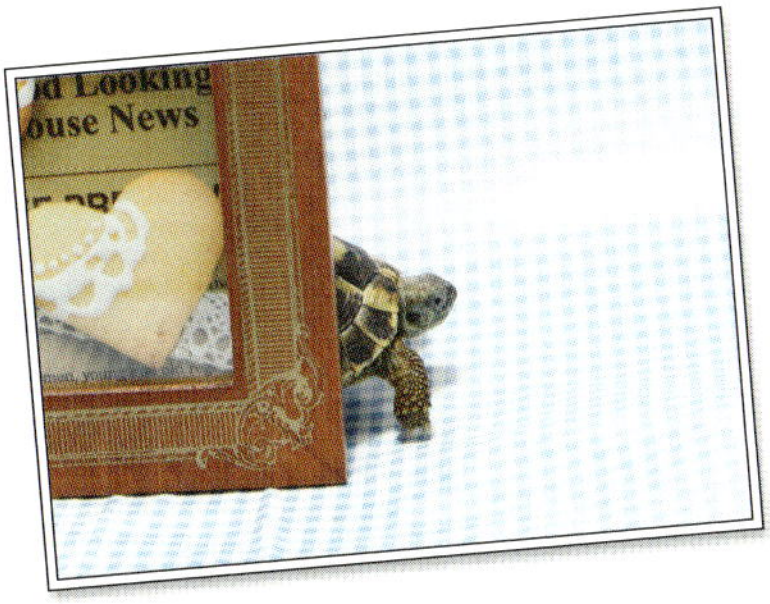

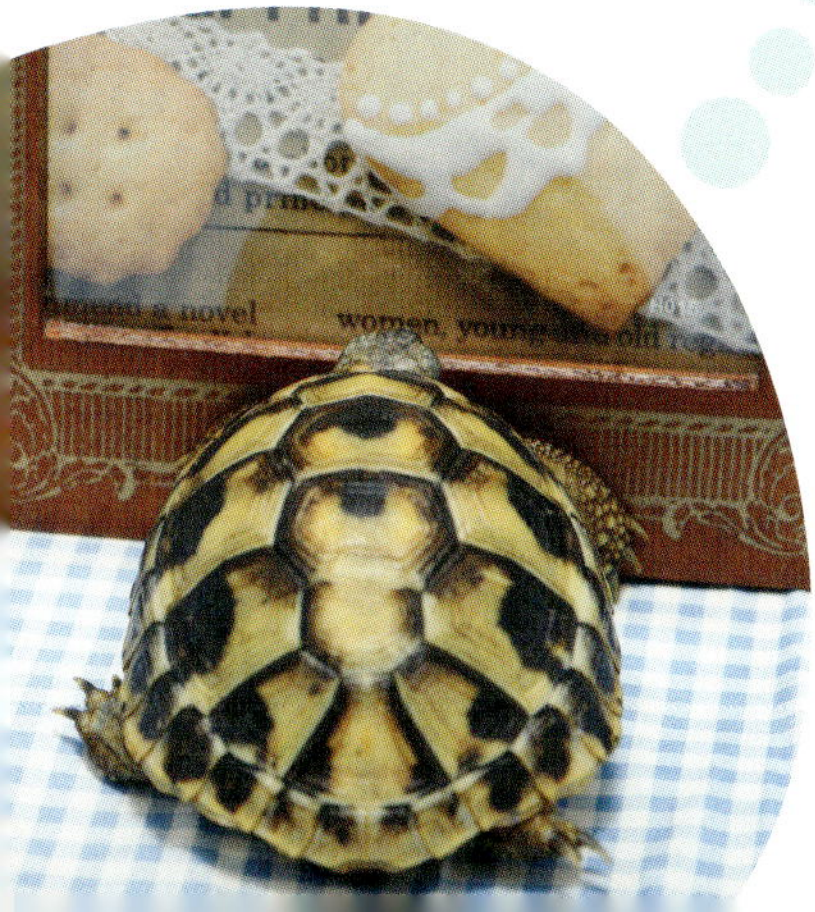

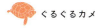

ないないカメ

nainaikame

どこに
隠したんだっけ〜

wasa
wasa
wasa

なくない!?

どこにも
なーい!!

Column

世界一有名なカメのおはなし

ロンサム・ジョージ

この世でひとりぼっちの寂しいカメのストーリー

実在したカメの中で最も有名なカメといえば、ガラパゴス諸島に棲息していたピンタゾウガメ、通称「ロンサム・ジョージ」でしょう。

１９７１年12月1日、ガラパゴス諸島のピンタ島で、すでに絶滅したと思われていたピンタゾウガメ（ガラパゴスゾウガメの亜種）が2頭、発見されました。そのうち1頭はすぐに死んでしまいましたが、生き残ったオスの個体は、ダーウィン研究所に運ばれ、保護されることとなりました。

ピンタゾウガメは、この個体以外、絶滅していたので、世界にたった一頭しかいない、孤独な（＝ロンサム）カメということで、「ロンサム・ジョージ」というニックネームで呼ばれるようになったのです。

その後、遺伝子的に近いとされる亜種のメスとのペアリングが試みられましたがうまくいきませんでした。

２００８年には、ペアリングされていたメスが16個の卵を産んだものの、そのうちの13個が無精卵で、残る卵も結局、孵化することなく腐敗してしまったそうです。

そして２０１２年６月24日、飼育所で

写真：shutterstock

死亡しているロンサム・ジョージが発見され、世界中に衝撃が走ります。推定年齢は１００歳以上といわれていますが、ゾウガメにとってはまだまだ早すぎる死であったかもしれません。なお、死亡時の体重は88kg、体長は１０２cmでした。

かくして、ロンサム・ジョージの死により、ピンタゾウガメは絶滅という、残念な結果を迎えることとなってしまいました。しかし、生前に見せた、どこか遠くを見つめているような瞳は、人々の心に深く刻まれています。

ちなみに、日本の人気漫画「ゴルゴ13」の中にも、ロンサム・ジョージが登場（第２８８話）しているので、興味ある方はご一読まで。

デンジャラスなカメ

北米原産のカミツキガメは、その名の通り、口を開けて咬みついてくる、非常にどう猛なカメです。しかもクチバシが鋭く、咬む力も強いため、咬まれると大怪我をする危険があります。かつては普通に飼われていましたが、生態系への影響が大きく、2005年に特定外来生物に指定され、現在は原則として飼育することはできません。

最も長生きしたカメ

1766年にセーシェルからモーリシャスに持ち込まれ、1918年に死亡したアルダブラゾウガメの152歳という年齢が、記録に残っている上での最長記録とされています。そのほかでは、ギリシャリクガメの149年、カロリナハコガメの138年などの記録が残されています。ちなみに真偽不明ですが255年という記録もあります。

最も大きいカメ

カメの中では、ウミガメの仲間であるオサガメが最も大きくなり、平均甲長200 cmにもなります。リクガメではガラパゴスゾウガメが最大で、135 cmの甲長を誇ります。そのほかでは、甲長140 cmのインドコガシラスッポンが大型種として知られています。逆に最も小さいカメは、甲長9.6 cmのシモフリヒラセリクガメです。

カメ飼いさんの暮らし

のんびりと過ぎていく
優しい時間…
カメのいる暮らしって、
なんだかそんなイメージ。
でも、意外とやんちゃな一面も…。
そんなカメと飼い主さんの
スローライフを、
ちょっとのぞいてみましょうか。

ゆったりのんびり付き合える…それがカメ飼いのいいところ!?

埼玉県・S・Mさん

新居への引っ越しを機にカメライフを再始動

もともと生き物好きで、小さい頃から犬、ハムスター、インコ、アヒルなど、さまざまな動物に囲まれていたというS・Mさん。その後、社会人となってから、特に好きだったカメを飼い始めます。

「最初に飼っていたのは、チェポマルガメという名のカメでした。選んだ理由は、たぶん、値段が手頃だったからのような気がします（笑）」

その後、自ら「のめり込むタイプ」というS・Mさんは、カメについての情報を集め、同時に順調にカメの数も種類も増やしていきます。

「雑誌に載っている爬虫類ショップにもよく行きました。写真でしか見たことがないようなカメを見ると、それだけで興奮できました。稀にですけど、衝動買いしちゃったこともありましたね」

その後、諸事情から一時、カメ飼育から離れていた時期もありましたが、現在の家に引っ越したことを機に、再びカメを飼い始めることになりました。ちなみに『カメ熱が再燃しそうで怖い』そうです。

基本は屋外飼育 冬は室内で保温飼い

現在、飼っているのはキボシイシガメ、ダイヤモンドバックテラピン、パンケーキリクガメ、ミツユビハコガメの4種4頭。このうち、ミツユビハコガメは昨年飼い始めたばかり

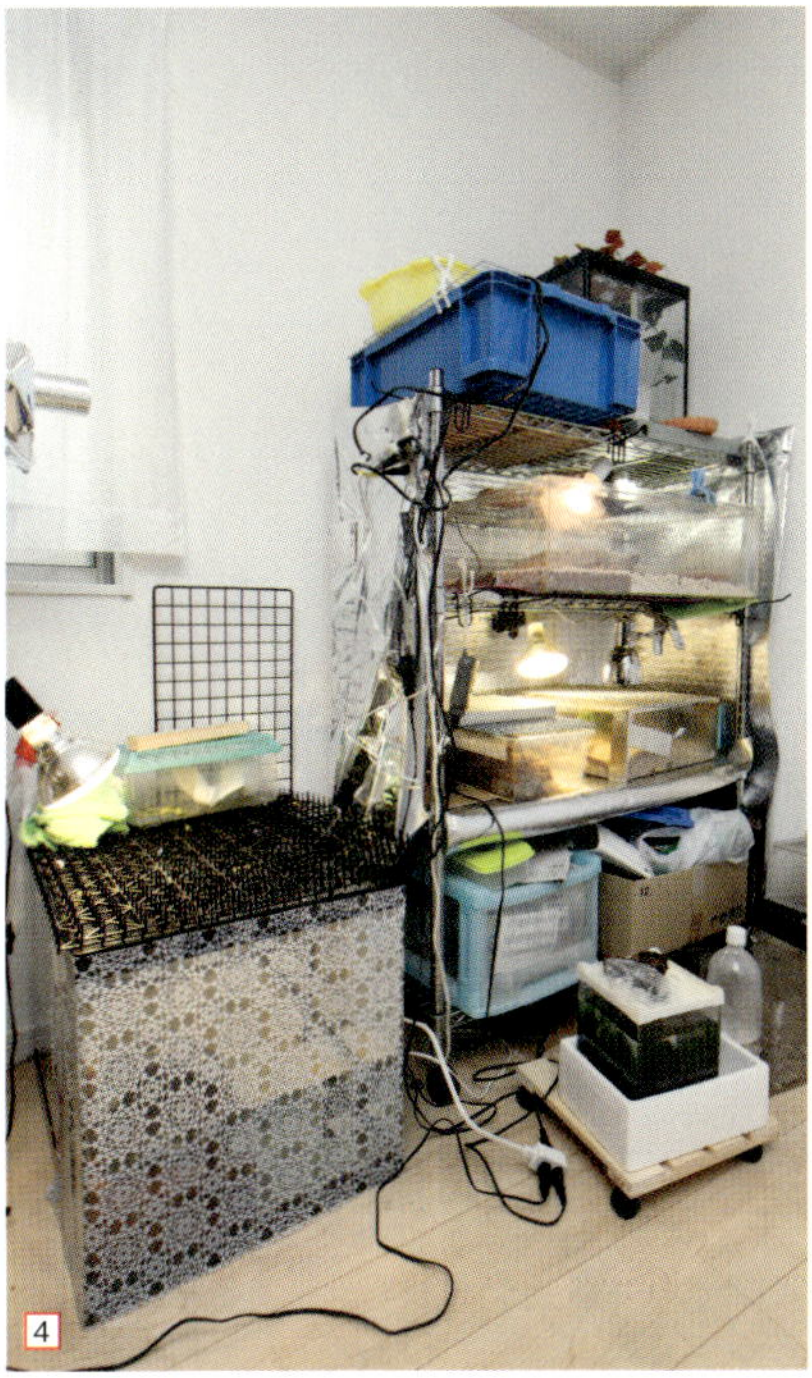

1昨年から飼い始めたミツユビハコガメのベビー。2パンケーキリクガメは脱走の名手なので普段は金網で蓋をしています。3キボシイシガメも冬場は加温して飼育しています。4まとめてメンテナンスするため、ひとつのラックにケージをまとめています。

のベビーですが、ほかの3匹はいずれも10年以上飼育しています。

「飼えなかった時期は、実家で預かってもらっていました。実はもうちょっと数も種類もいたんですが、タヌキに襲われたりして、残念ながらずいぶん減ってしまいました」

　基本的にキボシイシガメとダイヤモンドバックテラピンは、屋外で飼育していて、冬場だけ室内に入れて飼っているそうです。

「いずれは繁殖のために冬眠させたい気もしているんですが、失敗したときのことを思うとちょっと…。長年、飼っているだけに愛着もひとしおですからね」

　屋外飼育で心がけているのは、夏場に水温が上がりすぎないようにすること。実は初めて飼ったチェポマルガメを、夏に熱中症で死なせてしまった苦い経験があるとか。

「午前中の陽射しだけで、あれほど水温が上がるとは思っていませんでした。今住んでいる家も陽射しが強い日はすぐに水温が上がってしまいます。特に2階のベランダにケージを置いておくと、ほんの数時間で手

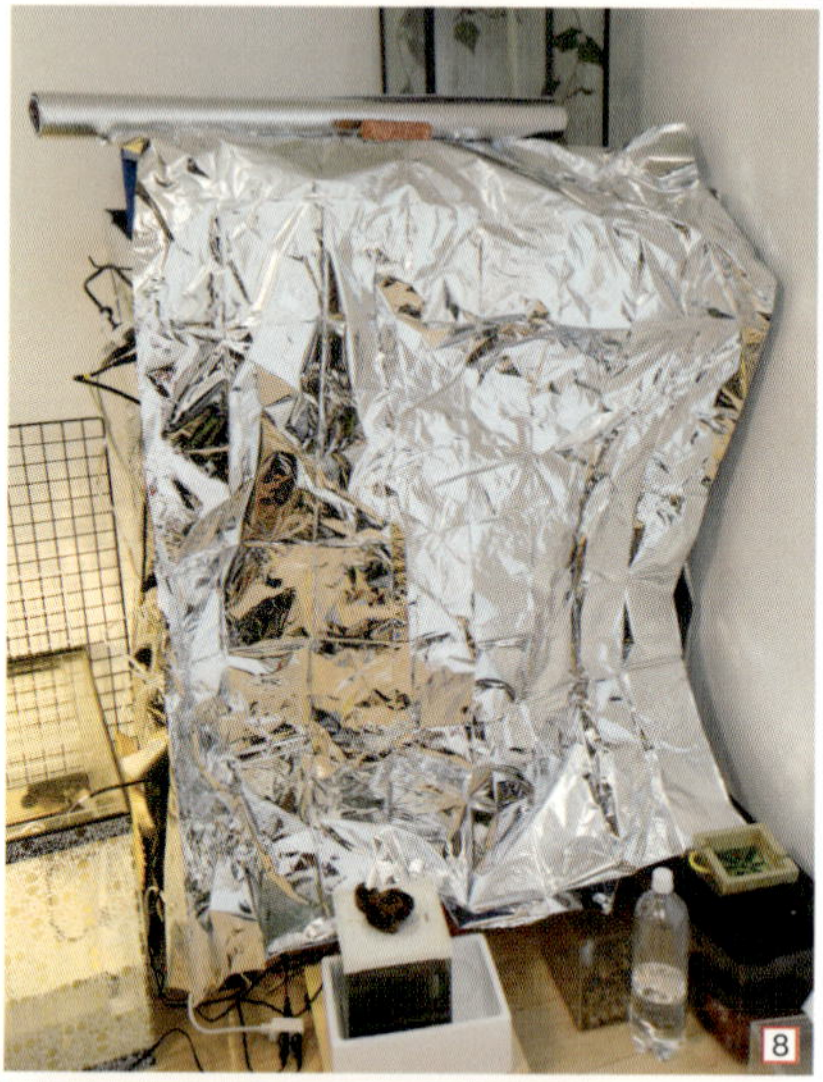

5ホットスポットで体を温めるパンケーキリクガメ。6照明や保温器具のオンオフ用のタイマー。7冬場はやや高めの設定温度にしています。8夜、寝る前にラックごと断熱シートで覆ってしまいます。9ミツユビハコガメは下からケージごと温めています。

が入れられないほど熱くなることもあるので、随時、冷たい水を入れて、水温を下げています」

　一方、リクガメのパンケーキリクガメは、室内で鉄製のラックにケージを置いて飼育しています。脱走の前科があるので、ケージには網ふたを置き、重しを乗せた上に洗濯バサミで固定しているとのこと。

「1回目の脱走のあと、重しを乗せたにもかかわらず2度目の脱走。正直、油断してました。さすがに網がずれないように固定してからは、まだ、脱走されていませんけど」

　ミツユビハコガメはまだ小さいので、今は室内のラック内で飼っていますが、いずれは庭で放し飼いしたいと考えているそうです。

これからも末永く カメと付き合っていきたい

　そんなS・Mさんの飼育スタンスはシンプル&ルーズだそうです。

「きっちりとスケジュールを組んで物事を行う、というのはどちらかというと苦手なんで。もちろん、ルー

10 ベビーから飼い始め、ここまで大きくなったダイヤモンドバックテラピン。11 ミツユビハコガメのベビー。活き餌が大好物。12 こちらもベビーから飼っているキボシイシガメ。13 エサを入れるとすぐに寄ってきて、ノンストップで食べ尽くす大食漢のパンケーキリクガメ。

ズとはいっても、最低限のケアは欠かさないように心がけていますけど。自分でいうのもなんですが、良い意味でのずぼらさ、アバウトさを持つことが、カメと末長く付き合っていくコツだと思っています。まあ、あんまり褒められたもんじゃないですけど（笑）。というか、そういう付き合い方ができるのも、カメの魅力なんじゃないでしょうか。だから、『自分は生き物を飼うのに向いてないかも』と思っている人にこそ、カメを飼ってほしいですね」

今後は、予算とスペースと家族（奥さんと猫ちゃん）が許す限り、カメ（とヘビ）を増やしていきたいと語るS・Mさん。リスタートしたカメライフが末永く続くことを祈っております。

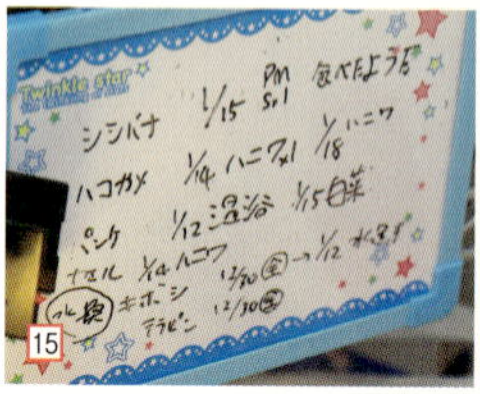

14長年、飼育しているので温浴用のぬるま湯の温度も温度計でわざわざ計らなくてもバッチリ!?　15忘れっぽいので、エサやりや水換えのメモ書きは必須とのこと。16温浴の後は脚の付け根に付いた水分をよく拭きとるようにしている。17園芸用のブロックがちょうどいいシェルターに。18食べ過ぎを心配するほどの豪快な食べっぷり。

⑲引っ越し後に飼い始めたセイブシシバナヘビ。もともと興味があったとのこと。太ましいボディが魅力だとか。⑳同居の猫ちゃんがちょっかいを出さないように、普段は猫よけグッズで水槽をガードしています。㉑同居しているロシアンブルーのニソちゃん（メス・6歳）。

カメグッズは意外と少ないですが、ティッシュカバーはもう20年くらい使っているとのこと。

■ S・Mさんのカメグッズ

水浴び
水浴びっと
うれしいな♪

ジャーっと
きちゃってください!!

水浴びカメ
mizuabikame

あっれ〜
水が出てこないな

あっ!!

ん!!
まさかの蛇口〜

誰か
いませんか〜?

カメ大脱出!!

kamedaidashutsu

ココは
どこだろ～

さすがに
高いか....

力を合わせてみよう♪

ヨイショ
ヨイショ

よ〜し
いくぞ〜

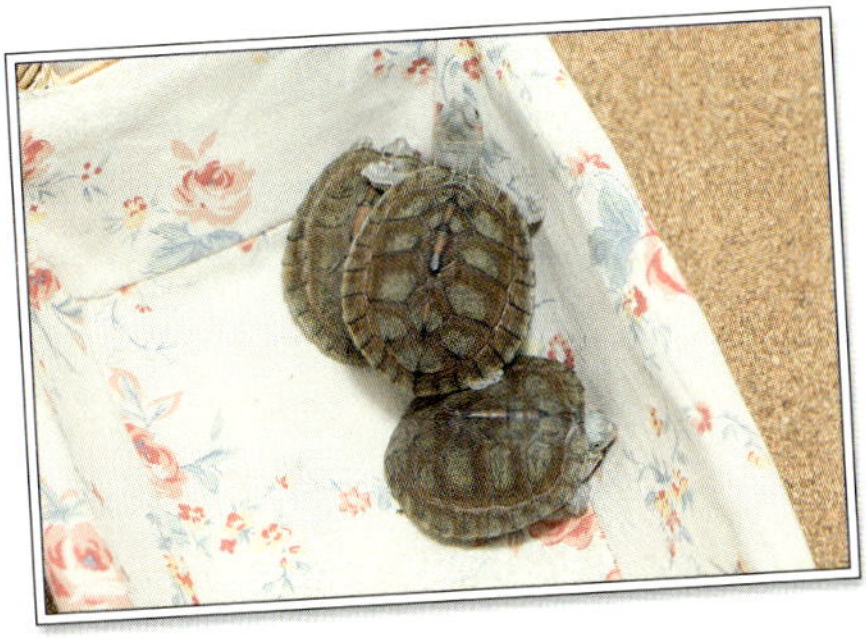

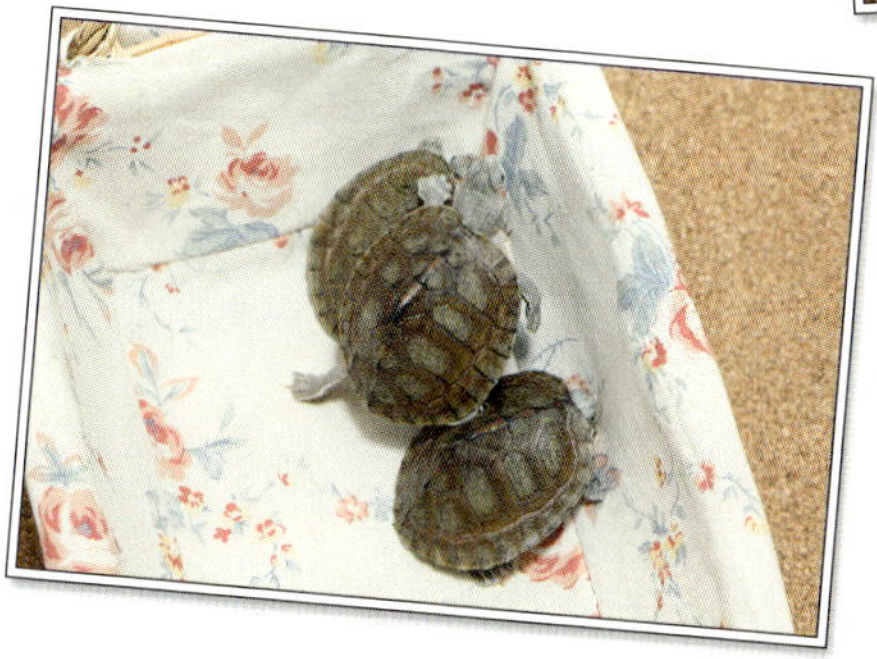

がんばれ〜

トコ
トコ

ヤッター
出れた〜

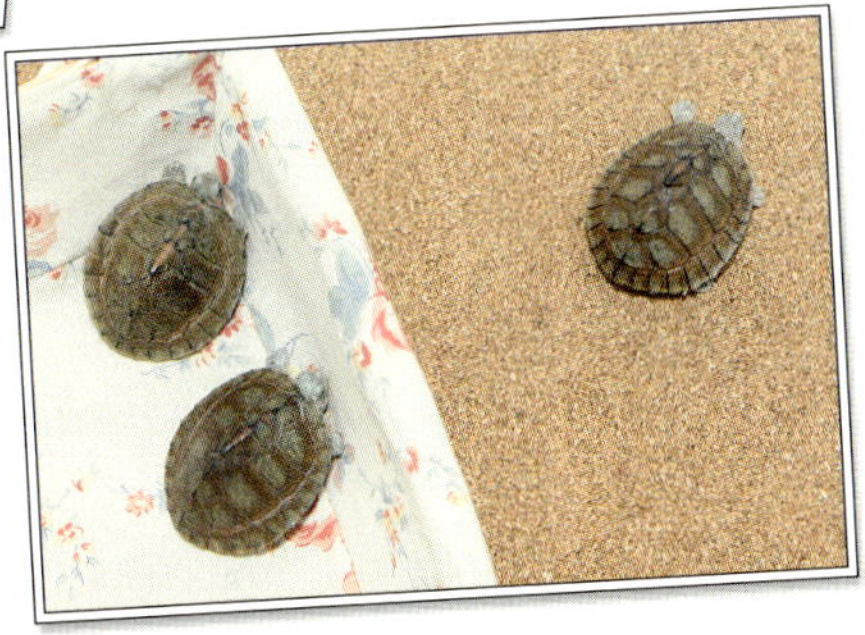

おいてか
ないで〜

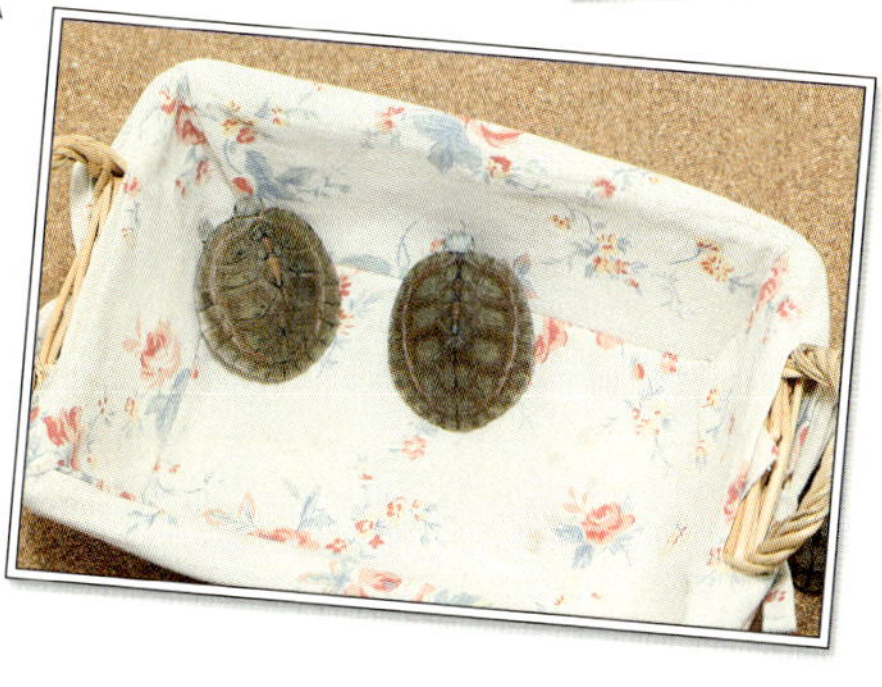

おーい!!
ボクたちは??

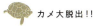

column

ウミガメって飼えないの？

飼いたいと思っても実際はまず不可能です

ウミガメはウミガメ科6種（アカウミガメ・アオウミガメ・ヒメウミガメ・ケンプヒメウミガメ・タイマイ・ヒラタウミガメ）と、オサガメ科1種（オサガメ）の計7種が現存しています。そのうち、日本での産卵が確認されているのは、アカウミガメ、アオウミガメ、タイマイの3種です。ただ、アオウミガメとタイマイは南西諸島や小笠原諸島での記録なので、日本でウミガメといえば、

アカウミガメのことを指すのが一般的です。

そして現在、ウミガメは7種すべてが絶滅危惧種としてレッドリスト（絶滅のおそれのある野生生物のリスト）に記載されており、特にオサガメ、タイマイ、ケンプヒメウミガメは絶滅寸前レベルとされています。さらに、7種すべてがワシントン条約の附属書Ⅰに属しており、商業取引も大きく制限されています。かつては熱帯魚店などでウミガメの仔ガメが数千円で売られていたこともありましたが、今では厳重に保護されています。

そのため、ウミガメを飼いたいと思っても、現実的にはほぼ不可能なのです。そもそも、仔ガメのうちはともかく、大きくなった時にプールほどの飼育施設が必要となるでしょうし、なによりも、生態についてまだわかっていない部分も多く、飼育法も確立されていないのが現状です。まずは、種としての絶対数の回復を見守りたいものです。

ワシントン条約とは

ワシントン条約とは、「絶滅のおそれのある野生動植物の種の国際取引に関する条約」のことで、英語では頭文字を取って「CITES（サイテス）」と呼ばれています。基本的に絶滅危惧の度合いなどから附属書Ⅰ、Ⅱ、Ⅲの３種類に分けられており、Ⅰ類に属する種は原則的に商業目的（学術目的なら可能）の取引が禁止されています。

ワシントン条約とカメ

ワシントン条約で保護されているカメでも、正規の登録証があれば飼育は可能です。また、原産国では輸出制限がある種でも、日本国内で繁殖された個体（CB個体）であれば、購入することができます。基本的に、ペットショップで売っている個体は、ワシントン条約に則って販売されてるのが原則となっています。

べっ甲とタイマイ

ウミガメの一種であるタイマイというカメの甲羅を加工・細工したものがべっ甲細工で、日本の伝統工芸のひとつでもあります。江戸時代にポルトガル経由で長崎に伝えられたとされています。以後、長らく伝統工芸として伝えられてきましたが、ワシントン条約によるタイマイ輸入の規制により、現在は存続の危機を迎えています。

カメに会いに行こう

CAFÉ
AQUARIUM
SHOP

カメ好きなら
一度は訪れてみたい
カメを満喫できる
スポットをご紹介。

1雰囲気のある路地を入ったところにある隠れ家カフェ。2テネシークーターのジュリアさんとミシシッピニオイガメのもんちゃんがお客様をお出迎え。3居心地の良さが魅力の店内。

美味しいコーヒーは豆から厳選した贅沢な味わい

CAFÉ

カメといっしょに
のんびりすごす
隠れ家的なカフェ

カフェ・パティオ

神楽坂の路地を一本入ったところにある隠れ家的なカフェでは、テネシークーターのジュリアさん（12歳、女の子）とミシシッピニオイガメのもんちゃん（7歳、男の子）が迎えてくれます。オーナーさんがショップで出会い、目と目が合って運命を感じてお迎えしたのがジュリアさん。スタッフの声を聞き分けて反応してくれる賢さと、ちょっと上を向いたお鼻がチャームポイントです。香り高いコーヒーとカメに心から癒されるお店です。

INFO

〒162-0825
東京都新宿区神楽坂４丁目３
☎03-3260-0668
営業時間：
月～金曜日10:00～19:00、
土曜日10:30～18:00
定休日：日曜日
アクセス：
飯田橋駅から徒歩約６分

明治28年に建てられた「蔵」を改装した、築113年のアジアンテイストカフェ。ここで迎えてくれるのがアフリカケヅメリクガメのいわおさん。単なるお店のマスコットではなく、大切に飼育されているのが伝わってきて、幸せな気分にさせてくれます。カメの話をしながら、種類豊富なカフェご飯を楽しんでいるとあっという間に時間が経ってしまいます。ジャズライブも定期的に開催されており、カメファン以外でも楽しめます。

INFO

〒500-8034
岐阜県岐阜市本町2-14
☎058-269-5788
営業時間：
11:00 ～ 24:00
定休日：火曜日
http://natural-group.com/naturalcafe/naturalcafe.html
アクセス：
名鉄岐阜から車で約10分

CAFÉ

美味しい料理やイベントがもりだくさん
いつ行っても楽しめるカメのいるカフェ

Natural Cafe & Gallery 蔵

（ナチュラルカフェ・アンド・ギャラリー クラ）

1アジアンテイストのシックな店内。2ロケーションが良くて地元のリピーターもたくさんいる有名店。3ゾウガメのいわおさんファンもたくさんお店を訪れます。

3

1

2

1大水槽では悠々と泳ぐ姿を下から見ることが出来ます。2大迫力のふれあいプログラムをぜひ体験してみて。3デッキからは富士山が見えます。

ごはんちょうだいと
パクパク口を動かす
姿に胸キュン

AQUARIUM

カメと遊びながら学ぶことができる
エデュテインメント型の水族館

新江ノ島水族館

エデュテインメントとは、エデュケーションとエンターテインメントを組み合わせた言葉。新江ノ島水族館はまさにこのエデュテインメント型の水族館です。

カメ好きに大人気スポットがウミガメの浜辺。土日祝日に開催のウミガメのふれ合いプログラムでは解説員が食性や飼育方法、地元相模湾にいるカメについて詳しく解説してくれます。また、先着限定で給餌や甲羅タッチもＯＫ。

カメとの感動体験の後は富士山をバックにしたイルカショーや湘南の海辺を見ながらオーシャンデッキで興奮を静めつつドリンクを一杯。さまざまな人が満足できる、最高のデートスポットなのです。

1楽しみながら学べる工夫があちこちにちりばめられています。2ウミガメの浜辺では産卵のための砂浜も設置。

ふれあいプログラムでは優しいスタッフが餌やりの指導をしてくれます。

INFO

〒251-0035
神奈川県藤沢市片瀬海岸2-19-1
☎0466-29-9960
営業時間：
12月～2月（年末年始は変更あり）
10：00～17：00
3月～11月（GW、夏期は変更あり）
9：00～17：00
休館日：
施設メンテナンスおよび館内安全点検、気象状況等によりやむを得ず臨時休館をする場合があるので、ホームページにて確認。
http：//www.enosui.com/
アクセス：
小田急江ノ島線「片瀬江ノ島駅」徒歩3分

大人気のウミガメのたまごドッグ。指でつまめるホットドック風味のスナックです。

かわいいカメグッズ満載の売店を見逃さないで！

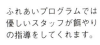

1 東南アジアを中心とした海水・汽水・淡水の生物を約100種2500匹展示。2 昨年はカメのクリスマスツリー点灯式を開催。3 年間を通じてさまざまなイベントを実施しています。

AQUARIUM

植物と生物の両方を楽しめる楽しい施設

板橋区立熱帯環境植物館

（グリーンドームねったいかん）

東南アジアの熱帯雨林を立体的に再現しているユニークな施設です。潮間帯植生、熱帯低地林、集落景観の3つの植生ゾーンに分かれた温室を中心に、熱帯の高山帯の雲霧林を再現した冷室が人気です。ちなみにカメ好きさんには地階のミニ水族館がおすすめ。いろいろなカメに出会えます。

熱帯環境を楽しみながら学べる博物館型植物館は清掃工場の余熱を利用した、省エネルギー型の施設でもあります。

INFO

〒175-0082
東京都板橋区高島平8-29-2
☎03-5920-1131
開館時間：
10：00～18：00
（入館は17：30まで）
定休日：
月曜日（祝日、または休日の場合は直後の平日）、年末年始
http://www.seibu-la.co.jp/nettaikan/
アクセス：
都営三田線「高島平駅」下車、東口より徒歩約7分

1階から5階まで、彩湖とその周辺の自然環境や荒川の環境と生きものについて学ぶことができる施設です。

1階は「水中のふしぎ」というテーマ展示になっていて、カメと魚に会える場所。

休日は家族連れがたくさん訪れます。子カメの生育を長年楽しみにしている来館者も多く、のんびりカメを見ることができる穴場となっています。

INFO

〒335-0031
埼玉県戸田市内谷2887
☎048-422-9991
開館時間：
10：00～16：30
休館日：第2・4・5月曜日と月末（この日が土・日曜日や祝日であるときは開館）、年末年始
http://www.city.toda.saitama.jp/site/saiko/
アクセス：
JR武蔵浦和駅から下笹目行きバス、修行目バス停下車徒歩8分

AQUARIUM

荒川の自然環境を再現
成長するカメを観察出来る

彩湖自然学習センター

1展望台からは富士山やスカイツリーが見渡せます。2県の天然記念物であるムサシトミヨなどめずらしい魚も。3じっくり観察したいカメファンには最適。

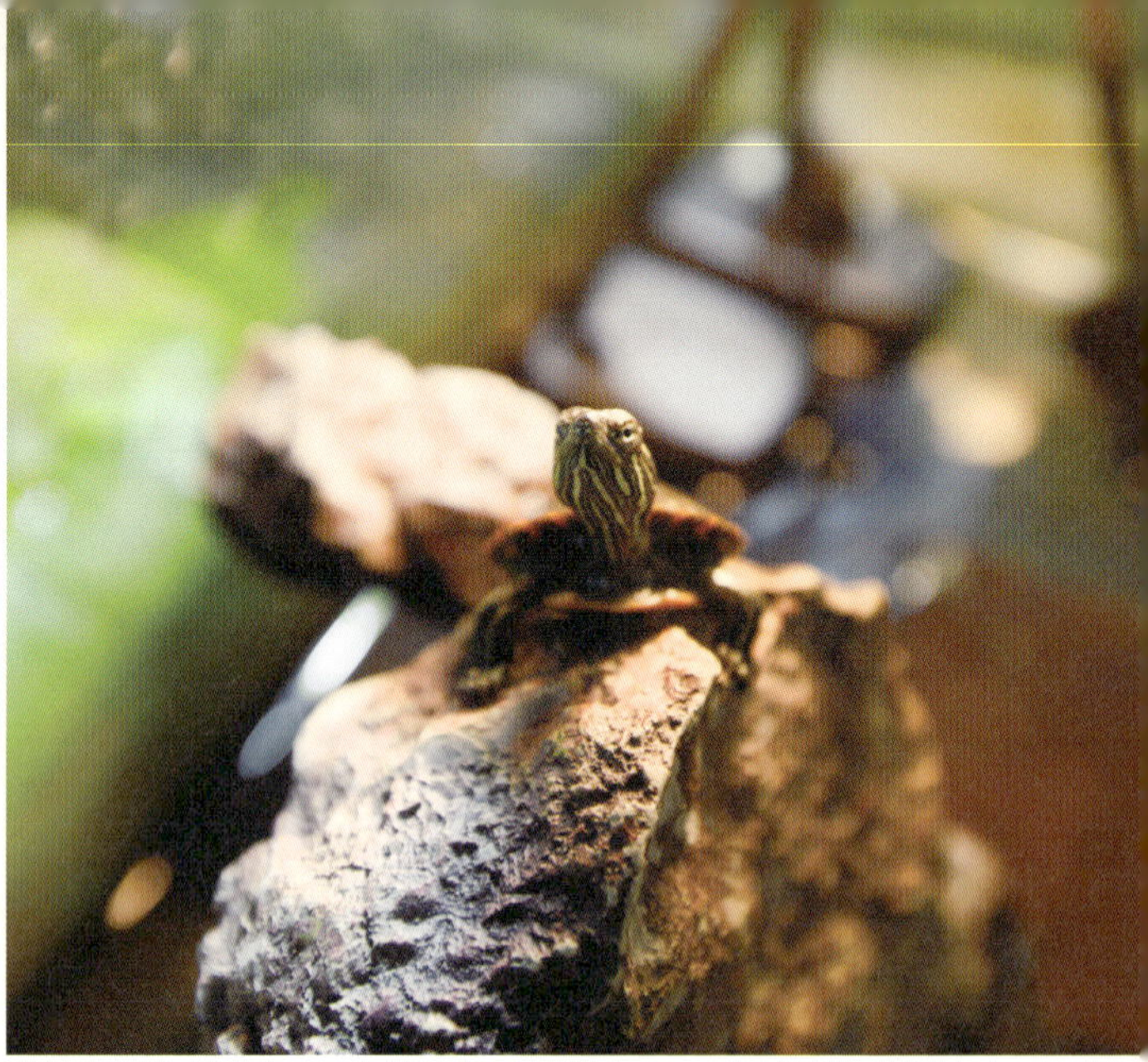

入り口を入ってすぐ両脇でお出迎えしてくれるカメさん。

SHOP

カメに関するすべてが
揃うペットショップ

爬虫類倶楽部中野店

爬虫類倶楽部中野店はカメの生体を販売しているだけでなく、カメを飼育するために必要となるあらゆる用品が揃っています。

そして飼育者にとってうれしいのはカメの生態に関しての相談だけでなく、どんなときにどんな用品を使ったら便利かなど、お客様の飼育環境にあわせて用具を提案するなどのアドバイスもしてもらえるところ。

もちろん、飼育についての相談も店舗スタッフの誰に聞いてもわかりやすいく的確な回答が得られ、初心者からマニアまでカメ好きにとって本当に心強い味方になってくれる爬虫類ショップです。

ここでしか会えないめずらしい種類がたくさんいる一方で、親しみやすいカメも幅広くそろっています。

店内展示を見ているだけで胸がワクワク。

カメのコーナーは主に一階入り口付近に集中しています。ずらりとならんだカメは見ているだけでもワクワクします。

スタッフはカメのためになるならば、良いことだけでなく、悪い情報でもきちんと伝えるようにしています。快適カメライフのためには、お客様にとって多少耳に痛い情報も必要となる場合があるからです。

INFO

〒164-0001
東京都中野区中野6-15-13
尚美堂ビル
☎03-3227-5122
営業時間：
平日14：00～21：00
日曜・祭日12：00～20：00
定休日：木曜日
http://hachikura.com/nakano/index.html
アクセス：
JR中野駅・東中野駅より
ともに徒歩15分

Column

川、池で拾ったカメは？

自然で採取したものは基本的にOKですが、それ以外は警察に

川や池でカメを拾った場合、自然に棲息していたものであるなら、持って帰ってペットにしても問題ないと思われます。しかし、お寺や神社、公園などの池にいたものは、元の池に帰してあげた方が良いでしょう。近くに池や沼がなかったら、逃げ出した飼いカメの可能性もあります。その場合は、勝手に持ち帰るようなことはせず、拾得物として警察に届けましょう。

また、拾ったカメが日本の在来種でない場合も、同じように警察に届けた方が良いでしょう。なお、一般的に目にする日本在来種はクサガメ、イシガメ、ニホンスッポン。もっとも多く見かけるのは、日本ではミドリガメの名前でお馴染みのミシシッピアカミミガメという外来種です。

ちなみに、自然界で採取した個体は、寄生虫がいたり、病気を持っていたりする可能性があるので、動物病院で駆虫するなどの必要な処置を施すまでは、飼っているカメと同じケージでは飼わないようにしましょう。

trivia

カメのトリビア

ミドリガメは俗称

ミドリガメというのは実は俗称で、正式な名前ではありません。以前は何種類かの種をまとめて、ミドリガメと呼ばれていたのですが、現在では、ミドリガメといったらミシシッピアカミミガメのことを指します。かつてアメリカから大量に輸入され、その後、日本で繁殖し、現在では最もポピュラーなカメとなっています。

ゼニガメはクサガメの子

縁日の屋台やショップで、ゼニガメという名で売られている子ガメは、実はクサガメの幼体です。以前は、ニホンイシガメの幼体のことを指していたのですが、ニホンイシガメの数が減少したことにより、現在はほぼクサガメの幼体がゼニガメとして流通しています。色や形などが古銭に似ていたために、この名がついたと思われます。

冬眠のメカニズム

カメは冬眠を行う生物です。冬眠は体の代謝をぎりぎりまで落とすことで、エサを食べずに冬季を乗り切る仕組みになっています。また、通常の肺呼吸ではなく、直腸から水中の酸素を取り入れているため、長期間、水の中で過ごすことが可能になっています。なお、飼育下では冬眠させなくても、繁殖面以外では問題ありません。

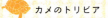

プレゼントカメ

gift for kame

楽しみ♪

ボクに
何かくれるんだって

ドキドキ

ボクの
家だってー!!

でか!!

ジャーン!!

違う家が
良いんですけど〜

ノコノコカメ

nokonokokame

ノコ

ノコ

ノコ

じつは
速くうごけるの!!

知ってた？
ノコ
ノコ

カメを撮ってみよう！

うちの子をもっとかわいく撮影するためのレッスンを2つご紹介しましょう

Lesson 1 撮影のための準備を

カメの魅力を引き出し、またかわいい瞬間を逃さず撮影するためには、撮影の準備が必要です。部屋を明るくしたり、水槽をキレイにするなどの撮影準備を怠らずに。

POINT

動きが遅いと思われているカメですが、かなり活発に動く子もいて追うのは意外とたいへん。まずは逃げても見つかるように、撮影場所を整理しましょう。

Lesson 2 チャームポイントを狙おう

表情とか、首をかしげるしぐさか、あるいは全身の模様か、あなたのカメの魅力はどこにあるのかを見極めて、チャームポイントを押さえて撮影するとかわいさが強調できます。

POINT

カメの顔を正面からアップで撮影する場合は、ピントを絞って撮影できるようできるだけ部屋を明るくしましょう。

ここも大事だね！

カメラの設定もチェック！

数打てば当たる方式で、たくさん撮れば必ず良い写真が撮れるようになります。カメラの設定もいろいろ試して、たくさんの中から厳選するような気持ちで撮りましょう。

小型のカメはできるだけ明るい部屋で

顔の小さいカメは小さな目と鼻の撮影が難しいもの。ピントを行き渡らせるために、レンズの絞りは絞って、ぶれを防ぐためにISO感度は高めに設定しましょう。これで小顔でも表情豊かでかわいい写真が撮影できます。部屋はできるだけ明るくして、白い布や紙などを利用して光をカメに当てるようにしましょう。

マイナス補正で黒っぽいカメの甲羅を美しく

カメラの露出を補正して、黒っぽいカメの甲羅をよりリアルで美しく浮かび上がらせるように撮影してみましょう。また、水槽ごしに撮影する場合は、なるべく部屋の明かりが写り込まないような注意も必要です。

カメのかわいい雑貨

カメをモチーフにした
いろいろな雑貨を
集めてみました。

カメのコインケース

革の風合いを存分に活かしてカメのかわいらしさを表現しました。

あとりえ ぎん

http://ateliergin-shop.ocnk.net/

カメの指輪

爬虫類をこよなく愛するデザイナーの愛情がぎゅうっとつまったアクセサリーです。アクセサリーからカメ好きになるという人がいる、というのも納得の精密さ。リアルなだけでない美しさがあります。

Cold I's（コールドアイズ）

http://www.cold-is.com/

カメのピアス

髪からちらりとのぞく亀のピアス。女子力アップの有力な武器となります。

かめんちゅ shop KEEPER
（一号店）

http://www14.plala.or.jp/kamencyu/keeper-top.html

立体亀図鑑
ミシシッピアカミミガメ

一点ずつ心を込めて製作した一点もの。細かな模様まで再現されており、立体亀図鑑の名に恥じない力作です。

カメロク屋
http://kameroku.cocolog-nifty.com/
亀グッズ・ジブリール
http://gabriel.shop25.makeshop.jp/

ふわふわ甲羅
キーホルダー

カメの甲羅がプリントされた軟らかいコットン地なので、スマホクリーナーとしても使える優れモノ。

みのじ
http://www.minoji.net/shop/

カメのヘアゴム

女性にとってヘアアクセサリーはたくさん持っていたいファッションアイテムのひとつです。

みのじ
http://www.minoji.net/shop/

キャンパスバッグ

イラストレーターみのじさんの可愛いカメのキャンパスバッグ。持っていると何だか元気になります。

みのじ
http://www.minoji.net/shop/

column

カメの絵本

魅力的なカメが登場する絵本は
子供だけのものにしておきたくない作品ばかり

のらカメさんたの まけてたまるか

作　のむらかずあき
絵　かわむらふゆみ
小峰書店

のらカメさんたのシリーズ。さんたがネズミのしっぽをぱくっと食べてしまうところがカメ好きには何ともリアルでステキ。小さいものたちが結束して大きなものを倒すという爽快感があります。

のらかめさんた

作　のむらかずあき
絵　かわむらふゆみ
小峰書店

ミドリガメのさんたは捨てられても「にんげんの、ばっかやろーっ！　こんなとこに、すてやがって。二どと、ペットになんか、なってやるもんかーっ！」と川に叫ぶ勇気あるカメなのです。

つんつくせんせい かめにのる

作・絵　たかどのほうこ
フレーベル館

つんつく先生はつんつく園のみんなを連れて散歩中にカメを助けます。浦島太郎気分で竜宮城に連れて行かせたり、玉手箱をほしがりますが……。こまったカメの表情が注目の絵本です。

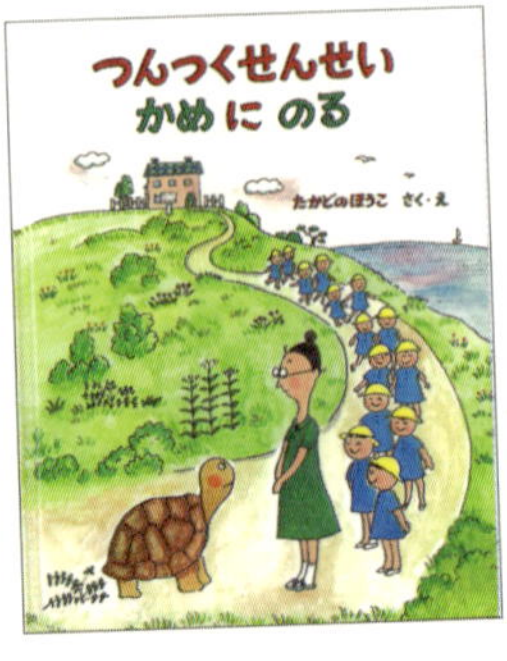

ウサギとカメ

作　蜂飼 耳
絵　たしろ ちさと
岩崎書店

イソップ童話のウサギとカメですが、実はきちんと物語を読んだことのある人は少ないのではないでしょうか。大人になって読むと、深い物語性とカメの勝利に感動をおぼえる人も多いはず。

かめだらけおうこく

作・絵　やぎ たみこ
イースト・プレス

カメ好きの作者だからこそ生まれた珠玉の作品。ちょっと昭和レトロ的な雰囲気が大人にも子どもにも受け入れられます。カメ好きだったら一度は行ってみたいかめだらけおうこくです。

かめまんねん

作・絵　ほんまわか
文研出版

かめは万年、悠々と時間をやりすごすカメから「かめへん、かめへん」といわれたら、生きるのがちょっとラクになりそうな気持ちがしてきます。カメ好き大人のための絵本でもあります。

みーんなかめ

作　ふくだ としお
絵　ふくだ あきこ
幻冬舎

かめ好きにはたまらない、全部カメの絵本。たくさんの種類のカメが登場しますが、どれもきちんと特徴をとらえているため、読み終わるとカメの種類に詳しくなる不思議な絵本です。

カメのブリーディング

ブリーディングは良い飼育の延長線上

カメのブリーディングは比較的簡単といわれますが、それでも初心者にとってはリスクもあることなので、どうしても自分の手で仔カメを産ませたい、という人でなければブリーディングには挑戦しない方が良いかもしれません。

ブリーディングは健康な個体があってこそできることです。健康な個体を育てる＝良い飼育なので、ブリーディングしようと思ったら、まずは良い飼育をしなければなりません。それには、日々のケアをきちんと行うだけでなく、知識を高め、飼育者としてのレベルを上げていくことが必要なのです。

ブリーディングまでの流れ

成長させる

カメは種類や性別によって成長の度合いが異なります。甲羅の成長が止まった頃（4～5年前後）が、繁殖期の目安になります。

雌雄の判別

種によっては雌雄の判別が困難なので、熟練者に見てもらいましょう。基本的に、オスはメスに比べて尾が太くて長いです。

冬眠させる

繁殖を促すために冬眠が必要となりますが、1週間ほど10～15℃の低温期にさらす（クーリング）だけで良い種類もいます。

交 尾

冬眠明けのオス、メスを一緒の水槽に入れます。オスが求愛行動を始め、メスがそれを受け入れると交尾が始まります。

産卵の準備

交尾後1ヶ月ほどで産卵を行うので、メスのケージにメスの4倍ほどの大きさの産卵床（土や砂を敷き詰めたもの）を用意します。

産 卵

メスが産卵床を掘り返したりするようになったら産卵は間近。産み終わるまでは刺激しないようそっとしておきます。

孵 卵

卵を産卵床から掘り出し孵卵器に入れます。孵卵器は自作しても良いですが、爬虫類ショップにあるものを使うと良いでしょう。

孵 化

種によりますが卵は2～3ヶ月で孵化します。孵化する時、卵歯と呼ばれる歯で殻を引き裂いて出てきます。

孵化後のケア

孵化後1週間ほどは、卵黄の栄養分を吸収しているので何も食べなくても平気です。その後、親と同じエサを少しずつ与えます。

カメを使った占い

カメの甲羅を焼いたときにできるひび割れの形で吉凶を占う「亀卜（きぼく）」という占いがあります。古代中国を発祥とし、殷《いん》王朝の時代に広まりました。日本には古墳時代後期に伝わったといわれており、時の権力者が政《まつりごと》に用いたとされています。ちなみに、日本の亀卜で使われていたのはアカウミガメの甲羅だったようです。

温度で性別が変化する

カメは産卵された段階では性別は決まっておらず、孵化するまでの期間の温度によって性別が決まるといわれています。種類にもよりますが、28℃くらいを境に、それより高温だとメス、低温ならオスというのが一般的です。なお、詳しいメカニズムはわかっていません。ちなみに、ワニやトカゲも同じ性質を持っています。

甲羅は皮膚が変化したもの

カメはどの種も例外なく甲羅を持っています。甲羅は皮膚が変化したもので、背甲は角質板という硬い板で覆われ、肋骨がそれを支えています。ただし、水中での生活がメインのスッポンは、甲羅を軽くして早く泳ぐために角質板を持っていません。そのため、スッポンの甲羅は皮膚と同じく表面が柔らかくなっているのです。

最も美しいカメ

カメの甲羅の模様は種によってさまざまです。主に自然界でのカモフラージュの役割を果たしています。その中で最も美しい甲羅を持つといわれるのが、マダガスカル島に住むホウシャガメです。黒地に金色の放射状の模様が広がり、幾何学的な美しさを誇るカメです。現在はワシントン条約のⅠ類に属し、商取引は制限されています。

アルビノ種と白変種

アルビノ種は、生まれつきメラニン色素が欠乏した個体で、白化により白っぽい体色になります。また、瞳が赤くなるのも特徴です。一方、白変種は後天的な要因で白化が発生した個体で、こちらは目の色が赤くなりません。どちらも非常に珍しい個体とされ、ペットショップなどでも数万円以上もの高値が付くことがあります。

カメの祖先

およそ2億5千年前に、ほかの爬虫類と分かれて、種としてのカメが始まったといわれています。現在、確認されている最古のカメはオドントケリスと呼ばれるカメで、このカメは海中で暮らしていました。陸棲種ではプロガノケリスというカメが最初とされています。ただ、いずれも謎が多く、さらなる研究が待たれています。

Check!

カメが病気になったら

病気は早期の発見が
かなり重要になります

リクガメ、ミズガメを問わず、病気の原因の多くは飼育環境の不備によるものです。そして病気が進行すると、個人ではどうしようもなくなってしまいます。そうなったら、動物病院に連れて行くしかありません。そうなる前に、早い段階でカメの異常に気づき、適切な処置を施してあげることが重要です。なお、すべての動物病院がカメを診てくれるとは限りません。病気になる前に、あらかじめ、かかりつけの病院を探しておきましょう。

ミズガメで多いのが皮膚病です。これは水質の悪化によるものがほとんどなので、カメをき

れいな水でよく洗ってから丸一日以上乾かします。ケージや陸地などもよく洗ってから熱湯消毒しておきます。

リクガメの場合は、低温や乾燥による免疫力の低下が、さまざまな病気を引き起こします。鼻水を出したり、口の中に膿のようなものができたりします。これらも、不衛生な環境下で繁殖した細菌が原因なので、食べ残しのエサ、糞などはこまめに片付けるようにします。

また、水分不足により尿酸が膀胱内で結石となることがあります。水分の多いみずみずしいエサを与えるとともに、温浴などで水分を摂らせるようにしましょう。

なお、必要な栄養素の不足が原因となる病気は、時間をかけて発症するため、発症すると治りにくいので、日頃からのケアが必要です。

Check!

カメが逃げたら

カメの運動能力は意外と侮れません

「のろまなカメ」とも形容されるように、カメは動きの遅い動物というイメージがありますが、実は意外なほどの行動力を見せます。

リクガメは総じて立体に動くことは苦手ですが、パンケーキリクガメは岩などをよじ登るくらいのことは普通にできます。また、ミズガメも基本的に腕の力が強いので、ケージの縁に手を引っかけてよじ登ったりすることもあります。

そうやってケージから脱走を図る個体もいますので、手の届かない高さにするか、網ふたをつけるなどして、脱走防止に務めましょう。部屋の中であれば見つけることもできますが、脱

走の際、落下して怪我をする可能性もありますので、十分注意してください。

そして屋外で脱走された場合は、見つけることがかなり難しくなります。リクガメやハコガメは地面に穴を掘って潜る種もいますので、そうなると、ますます見つからなくなります。日光浴のために屋外に出すことは、カメにとっても有意義なことですが、脱走には細心の注意を払うようにしましょう。

もし逃げられてしまった場合は、警察に遺失物として届出を出します。運が良ければ、誰かに拾われ、その人が警察に届けてくれていることでしょう。健康状態が良好なカメなら、しばらく飲まず食わずでも生きていられます。諦めず、根気よく探し続けることが重要です。

編集：田中一平　田中正一　内田未央（オネストワン）
デザイン・装丁：メルシング
写真：木村圭司
文：柿川鮎子　宮崎聡史
イラスト：ヨギ トモコ
編集協力：佐野博昭
撮影・取材協力：爬虫類倶楽部 中野店

はじめての飼育《しいく》
ミズガメとリクガメの食事《しょくじ》から飼育《しいく》グッズ、病気《びょうき》のケアまで。
カメ飼《か》いのきほん　NDC 487

2015年3月15日 発　行

編　者　カメ飼《か》い編集部《へんしゅうぶ》
発行者　小川 雄一
発行所　株式会社 誠文堂新光社
〒113-0033　東京都文京区本郷3-3-11
（編集）電話03-5800-5751
（販売）電話03-5800-5780
http://www.seibundo-shinkosha.net/

印刷・製本　大日本印刷 株式会社

ISBN978-4-416-71507-9